畜牧

三

范揚廣
學歷／美國北卡羅來納州立大學博士
經歷／國立中興大學動物科學系教授

楊錫坤
學歷／國立臺灣大學畜牧系博士
經歷／東海大學畜產系教授

廖曉涵
學歷／國立中興大學動物科學系碩士
現職／農委會畜產試驗所新竹分所助
理研究員

東大圖書公司

彩圖 1　荷蘭牛

彩圖 2　娟姍牛

彩圖 3　瑞士黃牛

彩圖 4　更賽牛

彩圖 5　愛爾縣牛

彩圖 6　安格斯牛

彩圖 7　海佛牛

彩圖 8　短角牛

彩圖 9　婆羅門牛

彩圖 10　西門沙爾牛

彩圖 11　臺灣水牛

彩圖 12　臺灣黃牛

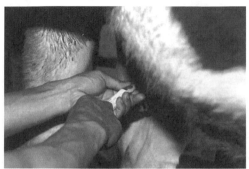

彩圖 13
以抗生素軟膏注入器自乳頭開口注
入所需之治療劑量。

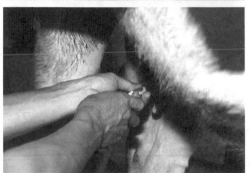

以手指壓住近乳頭開口端，將軟膏
往乳房方向擠入。

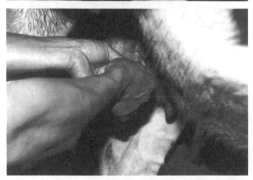

以手指壓住乳頭開口端防止軟膏流
出，以其他手指將乳頭內軟膏由乳
頭向乳房方向揉捏擠按使之擴散。

彩圖 14　花鹿（梅花鹿）

彩圖 15　水鹿

彩圖 16　帶冬毛的黇鹿

彩圖 17　帶夏毛的黇鹿

彩圖 18　紅鹿

彩圖 19　長頸鹿

畜牧（三）

·· 目次

第壹部分　牛

第一章　總　論

第二章　乳　牛

第三章　肉　牛

第貳部分　鹿

第五章　緒　論

第六章　鹿種與其特性

第七章　鹿的生殖

第八章　鹿角生長的生理

第九章　鹿隻的飼養

第壹部分

牛

第一章　總　論

　　動物學將牛分類於動物界 (Animalia)、脊索動物門 (Chordata)、哺乳綱 (Mammalia)、偶蹄目 (Artiodactyla)、反芻亞目 (Ruminantia)、牛科 (Bovoidae)、牛屬 (*Bos*)、牛種 (*Taurus*)。依用途可分為乳用、肉用、兼用及役用等四種，表 1–1 為臺灣 106～110 年牛隻飼養頭數及種類，由於臺灣特有之地理、農業與社會消費條件，形成以乳牛為主 (88.4%)、肉牛為輔 (11.6%) 的產業特色。

　　目前臺灣之鮮乳與牛肉生產尚無法達成完全自給自足，表 1–2 為臺灣 106～110 年鮮乳與牛肉之生產量與進口量，國產鮮乳可供 91.7% 之需求量，但仍有 8.3% 仰賴進口；國產牛肉則處於供需極不平衡狀態，國產者僅占 5.0% 之需求量，尚有 95.0% 需仰賴進口。

▶表 1–1　臺灣 106～110 年牛隻飼養頭數

年次	種類			合計
	乳牛（含肉用）	黃牛及雜種牛	水牛	
106	130,413	14,682	2,057	147,152
107	132,995	15,247	2,104	150,346
108	134,369	14,450	1,972	150,791
109	136,785	14,729	2,116	153,630
110	143,532	15,590	2,002	161,124

資料來源：行政院農業委員會 110 年農業統計年報

▶表 1–2　臺灣 106～110 年鮮乳與牛肉之生產與進口量

	106		107		108		109		110	
	生產	進口	生產	進口	生產	進口	生產	進口	生產	進口
鮮乳	386.4	45.4	419.3	52.2	431.9	59.8	437.2	66.2	449.2	53.0
牛肉	6.89	134.7	6.89	147.6	7.19	158.0	7.52	165.3	7.59	158.2

單位：千公噸
資料來源：行政院農業委員會 110 年農業統計年報、110 年糧食供需年報

　　臺灣地區飼養的乳牛品種以荷蘭牛為主，其乳脂率雖然較娟姍牛
者低，但經乳脂校正後其乳量仍為最高，另一方面，依畜產試驗所比
較各知名純種乳牛於臺灣之性能表現，結果顯示荷蘭牛之性能優於其
他品種乳牛者。

第二章 乳 牛

目前臺灣飼養之乳牛品種以荷蘭牛為主，以及少數娟姍牛。106～110 年臺灣乳牛飼養場數及在養頭數列於表 2-1。

▶ 表 2-1 106～110 年臺灣乳牛飼養場數及在養頭數

年度	飼養場數	在養頭數			
		泌乳牛	女牛	種用公牛	總頭數
106	553	60,523	50,384	469	111,376
107	553	61,967	51,424	587	113,978
108	559	61,813	53,669	543	116,025
109	560	62,916	54,968	524	118,408
110	566	64,974	60,236	646	125,856

資料來源：行政院農業委員會畜牧類農情統計調查結果

為敘述之方便與明確起見，將各生理、生產階段的牛隻，作下列稱呼的定義。

1. 牛：統稱任何年齡、性別、種用或生產用的牛隻。
2. 哺乳仔牛：出生後至離乳前的仔牛。
3. 生長牛：離乳後至性成熟前的牛隻。
4. 女牛：發身後至分娩前的雌性牛隻。
5. 懷孕牛：配種受孕後至分娩前的雌性牛隻，又可分為初次受孕的懷孕女牛，以及經產的懷孕母牛。
6. 泌乳牛：分娩後至停止擠乳（乾乳）前的母牛。
7. 乾乳牛：乾乳後至分娩前的母牛。

8.種母牛：第一次分娩以後的雌性牛隻，又可依據其胎次稱為第一胎
　種母牛、第二胎種母牛、第三胎種母牛等。

9.公牛：雄性牛隻，包含未達性成熟的小公牛，或已去勢的閹公牛。

一、乳牛品種之選擇

　　目前全球用於生產牛乳之乳牛品種可概分為：

1.主要分佈於北美與歐洲等溫帶國家，具良好生產效率，俗稱溫帶牛
　之歐洲牛或特羅斯牛 (Bos taurus)。

2.主要分佈於氣候炎熱及飼養條件較劣之地區，俗稱熱帶牛 (Tropical
　breeds) 之印度牛或印地卡斯牛 (Bos indicus)。

　　世界聞名之五大乳牛品種均為溫帶牛種，包括荷蘭牛 (Holstein)、
娟姍牛 (Jersey)、瑞士黃牛 (Brown Swiss)、更賽牛 (Guernsey)、愛爾縣
牛 (Ayrshire)。各品種之品種特性，摘要列於表 2-2。臺灣自日治時期
起，經多年的經驗總結成以荷蘭牛為唯一最適合的品種，有其特殊的
時空條件。其他地區欲飼養乳牛，可根據該地的自然環境、社會環境
之特殊條件，選擇適合的品種飼養之。

（一）荷蘭牛 (Holstein)（如彩圖 1 所示）

　　起源於歐洲之荷蘭北部與德國北部，為泌乳能力佳且生產效率良
好之乳牛品種。其品種特徵為具黑白花或紅白花毛色，體態具優美之
乳牛特徵，且體型碩大，以其明顯之毛色與高泌乳能力著稱，為全球
飼養頭數最多之乳牛品種。成熟母牛之體重平均為 750 公斤、平均肩
高為 148 公分；成熟公牛之體重平均為 1,136 公斤、平均肩高為 165
公分。於 16～18 月齡性成熟，年產乳量 10,600 公斤，初產犢月齡 26
個月左右，健康仔牛之初生體重可達 40 公斤以上。

（二）娟姍牛 (Jersey)（如彩圖 2 所示）

　　源於英倫海峽之英國娟姍島，該牛對環境包括氣候與地理環境之適應性佳，故其分佈甚廣，從丹麥至澳洲、紐西蘭、加拿大至南美各國、甚至南非與日本均可見；且為美國第二大乳牛品種。毛色範圍廣，可從非常淺灰色至深褐色，一般為淡黃褐色；公母牛在其臀部、頭部與肩部毛色較身體其他部位為深，口部周圍有一圈白色被毛之口輪。其抗熱性較荷蘭牛者為佳，雖然如此，在熱帶氣候條件下，其產乳量仍難以與荷蘭牛者匹敵。該牛較神經質，對環境變化與飼養管理措施的改變敏感。成熟母牛之體重為 450 公斤；成熟公牛為 680 公斤。於 14～16 月齡性成熟，年產乳量 5,850 公斤，初產犢月齡 24～26 個月。

（三）瑞士黃牛 (Brown Swiss)（如彩圖 3 所示）

　　原產於瑞士之古老品種之一，最初為乳肉兼用種。毛色為褐色，可從淡褐色至深褐色，鼻口部有淡色環，成熟晚；其體軀略近乎長方塊形，使用年限長，且四肢健壯、善於適應在崎嶇不平之地形下放牧，其泌乳持續性佳。成熟母牛之體重為 635 公斤；成熟公牛為 900 公斤。於 20～24 月齡性成熟，年產乳量 4,800 公斤。

（四）更賽牛 (Guernsey)（如彩圖 4 所示）

　　原產地為鄰近法國北海岸之英倫海峽中，名為更賽的島嶼。毛色為淡褐色與白色相間，在面部、脅部、四肢與尾稍有白斑，鼻為乳黃色。屬中體型、性情溫順之乳牛品種，是一高飼料利用效率之品種，以產乳量與飼料採食量比例高聞名；與較大體型的乳牛品種相較，其單位泌乳量所需之採食量約低 20～30%。更賽牛更以生產高乳脂與高

乳蛋白質聞名，且其乳中富含 β-胡蘿蔔素。本品種的產犢間距較短、初產年齡較低。成熟母牛之體重為 500 公斤；成熟公牛為 770 公斤。於 16～18 月齡性成熟，年產乳量 5,620 公斤。

（五）愛爾縣牛 (Ayrshire)（如彩圖 5 所示）

起源於蘇格蘭西南方之愛爾縣郡。毛色主要為紅白相間，可從淡紅至深紅褐色不等，且常有小斑點散佈全身，為一擁有乳牛形質的乳房外貌與品質之牛種，此外，該牛種活力良好、產乳效率高。成熟母牛之體重為 545 公斤；成熟公牛為 840 公斤，年產乳量 6,064 公斤。

▶表 2–2　各種乳牛品種特性

品種特徵	荷蘭牛	娟姍牛	更賽牛	愛爾縣牛	瑞士黃牛
原產地	荷蘭北部與德國北部	英倫海峽中之娟姍島	英倫海峽中之更賽島	蘇格蘭之愛爾夏郡	瑞士
毛色	黑白花或紅白花	淺灰色至深褐色	淡褐色與白色相間，在面部、臀部、四肢與尾稍有白斑	紅白相間，可從淡紅至深紅褐色不等	淡褐色至深褐色
成年體重（公斤）					
雄	1,136	680	770	840	900
雌	750	450	500	545	635
出生體重（公斤）	42	25	31	35	43
懷孕期（日）	279	280	284	278	291
乳脂率 (%)	3.6	4.93	4.69	4.00	4.04
乳蛋白率 (%)	3.44	3.80	3.60	3.34	3.53
年產乳量（公斤）	10,600	5,850	5,620	6,064	4,800

二、乳牛群之改良

　　國內目前飼養乳牛品種以荷蘭牛為主，然而，來自溫帶的荷蘭牛被飼養在位處亞熱帶且氣候溼熱的臺灣，不管是對被飼養的牛隻之生理適應能力，或是對飼養者的經營管理能力，均為一大挑戰，因此，乳牛群之改良與其遺傳性能之發揮，對整個牛群的生產效率之提升極為重要。

（一）從事乳牛群改良之機構

　　乳牛群性能改良計畫（Dairy Herd Improvement，以下簡稱 DHI）為乳牛之乳量、乳質等生產性能檢定及乳業相關紀錄之收集、保存與分析的工作，再將所收集到的資料，整理成可提供酪農、乳牛場提升其牛群經營管理能力與效率之依據。於政府主導下，臺灣於民國 66 年開始辦理，人員由農林廳聘僱編制，之後改編於畜產試驗所新竹分所，再於民國 78 年移撥至中華民國乳業協會（以下簡稱乳協）辦理。

　　乳協透過分佈於北、中、南等酪農專業區之輔導員，每月定期至其負責之牧場，收集牛群管理紀錄、測定個別牛隻乳量、採集牛乳樣品送至位於畜產試驗所新竹分所之牛乳檢驗室，進行檢驗分析及資料處理。牛乳檢驗項目包括生乳之脂肪率、蛋白質率、乳糖率、無脂固形物率及總固形物率等一般成分，以及體細胞數、檸檬酸鹽、尿素氮、酪蛋白、游離脂肪酸、總飽和脂肪酸、總不飽和脂肪酸、丙酮及 β-羥基丁酸等含量，分析資料可於最短的期間迅速提供酪農個別牛隻之泌乳性能、乳量、乳質、分娩、飼糧調整建議、酮症及乳房炎等資料，作為牧場應變、經營管理之參考。上述牛群管理紀錄、測定個別牛隻乳量、採集牛乳樣品，亦可由酪農或乳牛場自行為之，將牛群管理紀

錄、個別牛隻乳量、乳樣等傳送給乳協，可得到相同的分析資料，作為牧場應變、經營管理之參考。若自行測乳而未參加 DHI，雖亦可根據其測乳資料作為牧場應變、經營管理之參考，但是，無法估計其牛群個別牛隻各種經濟性狀，尤其是產乳能力相關的遺傳能力與育種價值，而這一點，對欲永續經營其乳牛場者非常重要，因為有作牛群遺傳改良者，其母牛群之產乳能力之遺傳代代受到改進，假以時日，其泌乳能力與未作母牛群泌乳能力之遺傳改進者比較，其差距將逐代拉開。

　　臺灣目前 DHI 業務執行重點，即透過測乳資料，據以作為酪農或牧場提升其乳牛群之經營管理效率之參考，此外，於民國 93 年起結合實施之種乳牛登錄制度、種乳牛場輔導及優質乳牛選拔，促使國內乳牛群性能整體水準的提升， 104～109 年臺灣酪農戶參加 DHI 之檢測情形列於表 2–3，如果沒有執行 DHI，上述種種作為將無法進行。

▶表 2–3　臺灣酪農戶參加 DHI 檢測情形

年度	測乳戶數	測乳頭數	乳樣總數
109	168	27,253	189,044
108	174	27,981	192,149
107	178	28,485	189,844
106	179	28,071	192,924
105	172	27,209	195,447
104	169	26,902	185,804

資料來源：臺灣畜產種原資訊網

　　DHI 之資料可供政府、乳業試驗單位與大專院校研究乳牛之性能改良、遺傳選拔、選育優良種公牛等作為之重要資訊來源與依據，更為世界重要乳業國家相互間對於乳牛飼養管理體系交流之媒介。臺灣之 DHI 施行先決條件，乃是擁有乳協位於新竹分所之牛乳檢驗室，該室已獲得財團法人全國認證基金會 (Taiwan Accreditation Foundation,

TAF) 與國際畜政聯盟 (International Committee for Animal Recording, ICAR) 之認證，其乳量、乳質之檢驗數據已具有國際公信力，臺灣藉由 40 年以上收集、累積之 DHI 數據，得以加入 ICAR 與國際種公牛協會 (InterBull) 之會員國，與世界乳業資訊接軌，確立臺灣乳業經營效率位居亞洲熱帶國家領先地位，成為東南亞各國與中國大陸競相學習之對象。

（二）產乳量之測定與影響產乳量之因素

　　牛群產乳量無疑是影響牛場收入的重大因素，而影響牛隻產乳量之因子，主要分為三大類：遺傳、環境與牛隻健康狀態。

　　遺傳對牛隻產乳量的影響雖然不是最大因素，卻可透過遺傳一代接一代的影響下去，所以對牛群的遺傳改良必須予以重視。遺傳選拔高乳量的牛，可能是直接選拔到高產乳基因，亦可能間接選拔到具採食能力、乳腺發育與營養調節能力強的基因。

　　環境因素：諸如氣候溫溼度、飼糧配方組成與日常管理模式等。臺灣夏季氣候高溫多雨，牛隻隨熱緊迫的程度增加而採食量降低，泌乳量亦因之而減少。溫帶地區牛隻，春夏季芻料生產質與量均佳，故其乳量於春、夏季時產量較高；而於秋、冬季時芻料生產質與量均差，故其產乳量下降。當泌乳牛受到驚嚇、鞭打、緊張或是擠乳程序不規律等，會減少供應到乳腺的血液量，使擠乳不順暢，乳量因而降低。擠乳次數從每日 2 次增加到 3、4 次，甚至 5、6 次，每日擠乳總量隨擠乳次數增加而增加，但每次擠乳量隨擠乳次數增加而遞減，不建議每日擠乳次數高於 6 次，因容易造成乳頭損傷。

　　牛隻本身狀態：諸如年齡、泌乳期與健康狀態等。牛隻年齡於 5～8 歲齡時，為其一生中之產乳高峰期，在此之前，一個泌乳期的產乳

量隨胎次增加而增加；在此之後，一個泌乳期的產乳量隨胎次增加而逐次減少。又，一個泌乳期間，每日產乳量逐漸增加至達產乳高峰期，該期大致於分娩後 3～7 週出現，其後則每日產乳量逐漸下降。牛隻出現健康異常狀況：諸如蹄病、流行熱或乳房炎等，會影響致使採食量降低，進而導致產乳量下降甚至停止泌乳。

　　欲知乳牛產乳量之相對遺傳能力，需先將乳量標準化，將影響牛隻產乳量之非屬遺傳引起的變異因素，或是說由環境因素所引起的泌乳量表型變異因素，將之排除。非屬遺傳引起的產乳量變異因素，諸如：泌乳期、年齡、胎次、擠乳次數與擠乳間隔等予以標準化。標準化後的產乳量在相同的基礎上比較，則其差異可用以表示產乳量間的遺傳差異。標準泌乳期為 305 日，該日數的訂定，基於一般期望每年每頭母牛能分娩一胎，如此則每年每頭母牛有一個泌乳期，而牛隻懷孕期 284 天（約 10 個月）、乾乳期盡量不低於 60 天（2 個月），理想狀態下，母牛的生理上足以承擔一年一胎的生產力。年幼母牛的產乳量比其自身成年時的產乳量低，故不同年齡牛隻間比較其乳量時，需先經成年當量 (Mature Equivalent, ME) 予以標準化，牛隻於 36 月齡以上即視為成年。此外，各牛隻間乳的脂肪率變化甚大，即使同一頭牛在其泌乳期內乳脂率亦有甚大的變化，故在比較泌乳量前需先將乳脂率予以標準化。乳脂率為 4% 之乳脂校正乳 (Fat Corrected Milk, FCM)，其計算為：FCM 乳量 = 乳量 × 0.4 + 乳脂量 × 15。各種知名乳牛品種中，荷蘭牛的乳脂率偏低，故常將其乳脂率校正為 3.5% 者，若如此則須特別聲稱為 3.5% 乳脂校正乳 (FCM 3.5%)，否則會誤以為是乳脂率為 4% 之乳脂校正乳 (FCM)。

　　所謂 305-2X-ME 之產乳量，即為成年母牛每日擠乳兩次之一個標準泌乳期（305 天）的產乳量。產乳量以外的其他乳牛相關經濟性狀，

亦須經過產乳量標準化類似的各種校正，以估計各該性狀的遺傳或育種價值。有了產乳量以及產乳量以外的其他乳牛相關經濟性狀之後，就可以透過選拔具高經濟性狀的個體，或淘汰具低經濟性狀的個體，而達到乳牛群的各該經濟性狀受到遺傳上或育種上的改良。若欲同時選拔數個經濟性狀，則可採用已組建完成的性能指數，許多國家各自依其對乳牛不同經濟性狀需遺傳改進的迫切性，建立自己的性能指數，例如美國的總性能指數 (Total Performance Index, TPI)，或是加拿大的終生性能指數 (Life-time Performance Index, LPI) 等。

（三）基因體選拔

基因體選拔是一種分子輔助標記的育種技術，藉由基因體 DNA 定序發現大量的單核苷酸多態性 (Single Nucleotide Polymorphism, SNP)，以及以基因型鑑定方法亦發現眾多的單核苷酸多態性，使用可涵蓋整個基因體的單核苷酸多態性作為 DNA 標記，能讓所有數量性狀基因座 (Quantitative Trait Locus, QTL) 至少會與一個 DNA 標記，以連鎖不平衡方式來連接辨識。目前，乳業先進國家已陸續建立荷蘭牛和其他乳牛品種的例行性基因體評估。基因體選拔的最大優點為：縮短證明為優質的牛隻所需時間，如乳用種公牛的證明時間可由 5 年縮短至 2 年，因而加速了性能遺傳改進。（本段資料由行政院畜產試驗所新竹分所趙俊炫博士提供）

三、年齡、體重之測定

乳牛飼養常需使用其體重與年齡資料，年齡若有良好之出生紀錄最為理想，如無，則可以目視檢測方式，觀察其門齒以估計年齡；體重若能定期以地磅測量最為準確，但驅趕牛隻易造成牛隻緊迫，恐影

響其腳蹄傷害或造成產乳量下降，因此，亦可以測量牛隻心圍估算其體重。

（一）門齒與年齡之關係

1 月齡至 1 歲齡之牛隻有四對乳齒之門齒。2 歲左右門齒中央之一對乳齒更換為永久齒。2 歲半至 3 歲左右門齒中央之兩對已更換為永久齒，且第一對比第二對突出。3 歲半至 4 歲左右門齒中央之三對已更換為永久齒，且中央第一對磨平與第二對同長。4 歲半至 5 歲，四對門齒均已更換為永久齒。5 歲後依據門齒磨平程度估計年齡。12 歲至 14 歲間各門齒間之齒縫距離相距甚遠。

（二）心圍與體重之關係

自鬐甲沿著牛隻兩前肢之後緣繞過胸部所度量而得心圍（或稱胸圍），心圍與牛隻體重有密切相關，因而可以估算體重，荷蘭牛之心圍與體重之對照列於表 2-4。

或以度量體表之心圍、體長、管圍以估計之，其法為測量心圍（前脅繞一圈之長度）、體長（肩骨前端至坐骨尖端）、前管圍（左前腳踝關節上最細之處）後，將該三數據（公尺）代入泌乳牛體重（公斤）估算公式：$79.6 \times (\text{心圍})^2 \times (\text{體長} + \text{前管圍})$，而得以估計出體重。

▶表 2-4　荷蘭牛之心圍與體重之對照

心圍 (cm)	體重 (kg)	心圍 (cm)	體重 (kg)	心圍 (cm)	體重 (kg)	心圍 (cm)	體重 (kg)	心圍 (cm)	體重 (kg)
80	51	110	122	140	237	170	404	200	633
82	54	112	128	142	246	172	418	202	650
84	58	114	135	144	256	174	431	204	668
86	62	116	141	146	266	176	445	206	686
88	66	118	148	148	276	178	459	208	705
90	70	120	155	150	287	180	473	210	723
92	75	122	162	152	297	182	488	212	743
94	79	124	170	154	308	184	497	214	764
96	84	126	177	156	319	186	518	216	781
98	89	128	185	158	331	188	534	218	802
100	94	130	193	160	342	190	549	220	822
102	99	132	202	162	354	192	565	222	843
104	105	134	210	164	366	194	582	224	864
106	110	136	219	166	379	196	598		
108	116	138	228	168	391	198	615		

四、乳牛之繁殖

（一）公牛

公牛約於 8～12 月齡發身，14～15 月齡完全成熟，未達 12 月齡者不宜經常配種。自然配種之懷孕率常高於人工授精者，但其經濟效益通常不佳，以公牛自然配種之優缺點詳列於表 2-5。

影響公牛精液量與品質之因素有：

1. 牛隻體態，過胖或過瘦都不佳。
2. 健康狀態是否良好，有無充足運動與日曬。
3. 飼糧組成是否符合牛隻營養需要量，不可有微量元素缺乏等情形。

4.環境溫、溼度需符合需求，避免氣溫過高或熱緊迫造成不孕。

5.牛隻不可為近親交配之後代，以免精蟲畸形率增加。

▶表 2-5　公牛自然配種之優缺點

優　　點	提高某些以人工配種較難配上母牛之懷孕率。
	較易觀察到母牛發情。
缺　　點	公牛之飼養管理不易，對飼養管理者具危險性。
	受配種母牛之預產期難以估算。
	公、母牛接觸易造成疾病傳染。
	公、母牛體重相差懸殊者，母牛受公牛駕乘時易受傷。
	通常所用公牛之育種價值、是否攜帶隱性不良基因等，皆未經檢定。

（二）母牛

　　女牛之是否適合配種取決於其身體發育狀態，而體重是身體發育狀態的簡易指標，體重介於 330～350 公斤，且年齡達 12 月齡以上者，即可配種，通常這樣的女牛，已歷經 2 或 3 次甚至以上的發情週期。配種後，女牛可於 6 週後進行妊娠檢查，以診斷其是否懷孕，若未能受孕，其原因諸如：發情徵狀觀察失誤、人工授精過程失誤、人工授精適期時機判斷錯誤、疾病或牛隻營養缺乏等。

　　牛隻發情週期大致為 18～25 天，平均期間為 21 天。各牛隻之發情週期不同，每頭牛一生中之發情週期相當穩定。發情週期中之發情期歷時 14 至 28 小時，平均 21 小時，多半發情期（60% 以上）於夜晚發生，故若只在白天觀察牛群的發情，很容易錯失牛隻的發情偵知，當然也就容易錯失了配種工作。牛隻發情徵狀如下，但是，一頭發情的牛未必出現下列所有的徵狀：

1.暴躁，好動，步數增加。

2.外陰紅腫，有黏液流出。

3.會聞舔其他乳牛會陰部。

4.將頭部置於其他乳牛臀部。

5.駕乘或被其他牛隻駕乘。

6.受駕乘牛隻有站立不動的反應。

7.食慾下降。

8.大聲鳴叫。

9.耳朵豎立。

　　發情偵知方法除人工觀察外，亦可以電子產品輔助，如：壓力偵測器、計步器或頸部偵測器。壓力偵測器為貼在牛隻尾根之貼片，一旦被駕乘則貼片即變色；計步器多裝設於牛隻前腳管圍處，一旦活動量增加即可據以判斷為發情；頸部偵測器可偵測牛隻頸部高度，一旦展開駕乘，牛頭部高於設定值，即可知牛隻進入發情期。如何把握發情牛隻之配種適期，請參照圖 2-1。

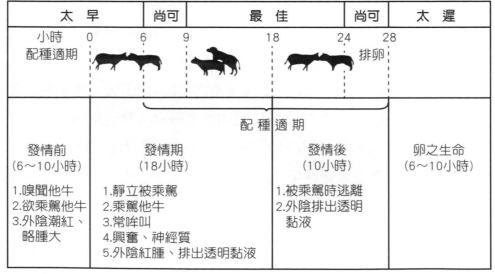

▶圖 2-1　發情牛隻之配種適期

（三）配種

　　臺灣大都採用人工授精方式為發情牛隻配種，配種工作需把握適當時機，才能提高受精率、懷孕率，高懷孕率可降低飼養母牛的飼料、精液、授精工資等成本支出。理想配種時間為排卵前 12～24 小時，牛隻通常於開始駕乘後 30 小時出現排卵現象。排卵通常在發情結束後 6 小時發生，換言之，前述發情徵狀結束後數小時即排卵，問題是現場管理上很難判定發情在何時開始、何時結束，故欲掌握配種時機可於：觀察到站立反應發生後 2～15 小時，或觀察到駕乘後 6～18 小時進行配種。另外，若第一次授精後 24 小時仍觀測到發情行為，則須再執行第二次授精。

　　配種時，需注意授精槍位置，避免插入位置過深，造成精液僅集中於某一側子宮角，切勿以蠻力將授精槍硬插入子宮頸，且授精結束後需檢視授精槍前端是否出現血液或其他異常，若有則應由獸醫師做善後處理。

　　檢測懷孕之方法有許多種，如：觀察牛隻是否再次發情、超音波檢查、直腸觸診、腹脅部按壓及檢測血液或乳中懷孕相關醣蛋白 (Pregnancy-associated glycoproteins, PAG) 含量，表 2–6 為確認懷孕之方法。

▶表 2–6　牛隻懷孕確診方法

方法	使用時機	懷孕確診準確率
乳中懷孕蛋白檢測	懷孕 4 週	99.9%
超音波	懷孕 4 週後	95%
直腸觸診	懷孕 6 週後	98%
腹脅部按壓	懷孕 7 個月後	較低

五、哺乳仔牛之飼養管理

　　仔牛生長過程將歷經許多高風險階段，如：出生、離乳、更換畜舍、併欄等。為維持良好之育成率，須確實監控其生長、發育狀態，及提供優質飼糧與良好環境之畜舍。哺乳期仔牛之育成率須達 95% 或以上，換言之，離乳前仔牛之死亡率若高於 5%，應立即檢討飼養管理上不足之處。

　　仔牛出生後，可立即移開仔牛，或待母牛舐乾仔牛被毛後將其分開，該兩種方式之各別優缺點詳見表 2-7。將仔牛移至高床飼養時，宜個別欄飼，避免疾病發生時產生群聚感染，以及仔牛相互間吸吮造成臍帶、體表皮膚發炎。另外，仔牛舍內應能通風良好，且無長期日曬或賊風吹襲，亦需隨時保持舍內環境清潔及乾燥。又，仔牛出生後，應給予場內編號，俟後與各地家畜疾病防治所給予的統一編號互相連結。於出生後 10 日內釘耳標，以及拍攝其前面、側面、背面的體表照片，以確定其身分。登錄仔牛牛籍資料與出生紀錄對於牛群改良極為重要，牛隻基本資料包含：場內編號、統一編號、出生日期、性別與體重等。

　　仔牛出生後，應盡速消毒仔牛肚臍、餵與初乳。仔牛出生後 2 小時內應給予 2 公升初乳；12 小時內確保其飲入 4 公升（體重 10%）之初乳；24 小時內飲入 5.5 公升之初乳。若母牛因故未能有初乳，可以其他母牛的初乳替代使用，或使用預先 2 公升一袋冷凍貯藏的他牛初乳，解凍至 20 °C 以上替代使用。初乳中含高量免疫抗體及維生素 A，可確保仔牛不受大腸桿菌、輪狀病毒或其他環境微生物之侵害，且初乳具有輕瀉性有助胎糞排出。初生仔牛於出生 24 小時內，其消化道吸收初乳中原狀抗體的能力下降快速，若於出生 24 小時後始給予初乳，

已無吸收原狀抗體的能力，也就失去初乳之抗體對仔牛之保護能力。總而言之，初生仔牛若未能及時獲取足夠之初乳原狀抗體，則易造成各種感染。

　　臍帶之消毒可給予 2～10% 碘酒浸泡或噴灑，若臍帶感染易造成仔牛虛弱且抵抗力下降。另外，宜定期檢查仔牛臍帶，確認其為柔軟且無痛感，避免臍帶感染有助於提升仔牛之育成率。

　　仔牛出生後 14 日齡前後，可以電烙或苛性鉀（鈉）棒破壞角基部生長點，去角後的牛隻有各種管理上的方便性，諸如：減少對人、畜的傷害，降低流產率，方便夾欄式飼槽的使用等。

▶表 2-7　出生後立即或隔一日後移開仔牛之優劣比較

出生後立即移開	降低仔牛感染機率。
	降低母畜與仔牛建立親子關係後被迫分離之緊迫感。
	仔牛無母牛舐拭，適應環境時間拉長，被毛較慢乾，易著涼。
	仔牛無法隨時吮乳，尤其是初乳。
出生後隔一日移開	仔牛可隨時吮乳。
	仔牛受母牛舐拭，較快適應環境，被毛快乾，保暖效果佳。
	母牛藉舐拭仔牛所吸取之羊水味道，能刺激採食。
	仔牛較難接受水桶或奶瓶餵奶。

　　餵與足量初乳後，仔牛可改餵其他常乳或代乳粉，初生後之前 4 日每次餵量以 1.5 公升為宜，不宜超過 2 公升，一日餵給 2 或 3 次，其後逐量增加餵飼量，總量不宜超過 8 公升，若將每日攝取液態乳量限制在最高給予 6 公升，可以促進仔牛早日習慣採食固態飼料，亦即可以早期離乳。餵乳時，須注意乳溫避免過冷、乳桶及其他盛裝容器之清潔度等，此外，每頭仔牛應有各自專屬之乳桶，以避免健康狀況不佳之仔牛之分泌物，經由乳桶感染至其他仔牛。表 2-8 為常乳及代乳粉使用之優缺點及注意事項。餵乳方式若能以瓶餵取代桶餵，則更

能刺激食道溝反射作用之產生，避免乳汁直接進入瘤胃，食道溝形成可促使乳汁直接流入皺胃而更易被消化。瓶餵則可滿足仔牛吮乳之天性，而減少仔牛養成吸吮癖。

▶表 2–8　常乳及代乳粉使用之優缺點及注意事項

常乳	優點	牧場內取得方便。
	注意事項	避免使用品質不佳乳或乳房炎乳，以免乳細菌或殘留藥物影響仔牛。使用常乳通常飼養成本較高。
代乳粉	優點	具良好配方者較符合仔牛營養所需。
		成分與風味較穩定。
		較便宜。
	注意事項	需使用水溫 45 ℃ 之飲用水，且須攪拌至代乳粉完全溶解，乳溫在餵飼時約達 38 ℃。
		調配濃度比例需依照廠商建議量使用，以避免過度濃稠的代乳造成仔牛下痢。

　　仔牛 6 月齡前抗病力低，於管理上須多加注意，應避免與其他較大牛隻接觸，以降低罹病率。四週齡前仔牛易下痢，應降低仔牛直接與糞便接觸之機會，用高床個別飼養通常可避免該問題。一旦發現仔牛眼眶凹陷、毛髮豎直、拱背或精神下降時，須立即依其下痢類型給予治療，並避免傳播給其他仔牛。

　　為提高瘤胃絨毛發育速率，可於 5 日齡起供給固態飼糧供教槽用。教槽可使用教槽料或粒狀混合穀物，以代替一般供給慢速醱酵之芻料。此外，須注意教槽料之品質是否良好，若有剩餘料需每日清除，因仔牛之飲水、乳汁或唾液易汙染剩餘之教槽料，因而造成仔牛下痢或抗病力下降。餵飼教槽料應注意事項列於表 2–9。仔牛於 4 週齡採食狀況佳時，始可供給品質優良芻料，以刺激瘤胃絨毛之發育，進而加快離乳之到來。

　　仔牛離乳前須確保其已可採食足夠量之精料與粗料，並由瘤胃形狀及飽滿度、糞便性狀及消化程度，確認瘤胃生理功能已臻完善，此時離乳，方能避免仔牛因離乳而致生長速度陡降之現象。八週齡荷蘭仔牛，體重達 80 公斤以上，精料採食量單日達 1.5 公斤以上，或平均每日精料採食量達 0.5 公斤以上，即可準備離乳。

▶表 2-9　仔牛教槽料之注意事項

項目	注意事項
1	教槽料需易消化，避免消化不良占據瘤胃容積。
2	教槽料需適口性佳者，以利仔牛迅速適應固態飼料。
3	教槽料應避免澱粉含量過高，而造成瘤胃過酸。
4	若用芻料以優質乾草為佳，避免使用青貯料或半乾青貯料。

六、仔牛早期離乳至配種前之飼養管理

　　仔牛離乳後至配種前屬於育成階段，此階段女牛是培養未來候補女牛的關鍵期，對於牛群未來的產乳能力之影響至關重要。育成女牛需給予足量及品質良好之芻料，以促進瘤胃絨毛發育良好，並於飼糧中補充適量維生素與礦物質，另供給鹽磚供牛隻自由舔舐。仔牛於 1 歲齡時以液態氮烙印牛號。女牛之生長狀態、體重與體高，對配種適期、分娩年齡、初泌乳期產乳量與終身產乳量有密切關係，雖然此階段的牛隻尚未能產生售乳之現金收入，卻是牧場的一重要資產。此期間，荷蘭女牛日增重應維持 0.8～1.0 公斤，日增重低於該範圍，則推遲配種、懷孕之年齡；日增重高於該範圍，則恐女牛過於肥胖導致發情不明顯、乳房結締組織充滿脂肪等。不論何者，皆對女牛日後產乳能力有不良影響。依 NRC (2001) 建議，12 月齡且日增重 0.87 公斤之荷蘭女牛，其預測之每日乾物質採食量需 7.1 公斤，建議每日之飼糧

組成乾物重為：玉米青貯 4.08 公斤、大豆粕 0.41 公斤、禾本科牧草青貯 2.29 公斤與維生素礦物質 0.27 公斤。

　　女牛初次發情時間與飼糧營養狀態有極大關連性，一般認為 13～15 月齡，體重約至 350 公斤者，為達到適合配種的理想狀態，如此作為可以獲取較低之飼養成本及較高之終身乳量。乳牛生長期間之管理要項與疫苗接種時程示於圖 2-2。

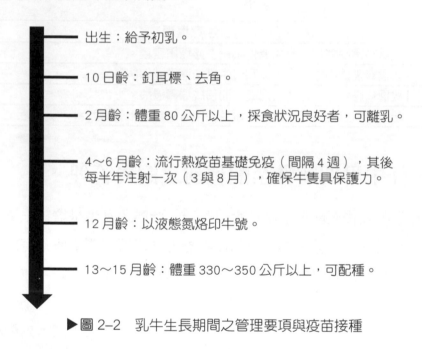

出生：給予初乳。

10 日齡：釘耳標、去角。

2 月齡：體重 80 公斤以上，採食狀況良好者，可離乳。

4～6 月齡：流行熱疫苗基礎免疫（間隔 4 週），其後每半年注射一次（3 與 8 月），確保牛隻具保護力。

12 月齡：以液態氮烙印牛號。

13～15 月齡：體重 330～350 公斤以上，可配種。

▶圖 2-2　乳牛生長期間之管理要項與疫苗接種

七、女牛配種至分娩之飼養

　　懷孕女牛之營養調配實為重要，除須考慮胎兒生長，亦須考量女牛發育至成熟體重之營養需要量，而所供應之飼糧是否恰當，可由查看瘤胃發育、反芻狀態及糞便評分，再搭配檢查飼糧組成而得知。另須注意女牛蹄部健康，一旦發生蹄部感染，若無積極治療及找出原因

予以排除，則牛場內跛足、行動困難或拖行等之牛隻將愈來愈多，終而導致牛隻使用年限下降，飼養成本增加。依 NRC (2001) 建議，18 月齡且日增重 0.59 公斤之荷蘭懷孕女牛，其預測之每日乾物質採食量需 11.3 公斤，建議每日之飼糧組成乾物重為：玉米青貯料 1.51 公斤、禾本科牧草青貯料 9.52 公斤與維生素礦物質 0.3 公斤。

女牛於預定分娩前 6～8 週，須特別注意以下之飼養管理重點：

1. 體態評分 3.5～3.75 為佳，如此既能避免牛隻過瘦造成產後能量負平衡，又能致使仔牛體型發育適度；懷孕牛過胖易造成產褥症（低血鈣症）、難產。
2. 確認女牛已完成驅蟲及場內疫苗注射計畫。
3. 觀察乳房外觀是否有發育不全或其他異常，避免其他女牛之吸吮行為，降低乳房炎或乳腺受傷狀況之發生率。
4. 確認飼糧中陽陰離子當量差至微負平衡狀態，以降低產褥症發生率。
5. 盡量維持良好的採食量，以確保女牛產後仍能維持採食量，降低能量負平衡狀態持續時間。

分娩前將牛隻移至乾淨待產室，以利助產並降低仔牛感染風險。

八、分娩與助產

母牛於分娩前，乳房會開始脹乳，偶而出現乳房水腫，外陰部出現腫脹與鬆弛，一旦韌帶出現完全鬆弛，亦即尾根左右兩側出現深度塌陷，大多於 24 小時內開始分娩。經產牛通常於尿囊膜出現後之 1～4 小時即可娩出仔牛，初產牛則須 2～6 小時。一旦羊水膜露出後 2 小時都不見仔牛出現，或母牛用力娩出許久仍未見仔牛露頭，即須由獸醫師診查是否有仔牛胎位不正或其他異狀情形，並立即評估是否需要

助產。助產前，須將助產員手臂、助產繩索與母牛臀部清洗、消毒乾淨，避免將環境細菌大量帶入母牛產道中。助產時，適當配合母牛娩出之節奏，以助產器引導分娩。仔牛娩出後，需再確認是否有尚未娩出之胎牛，並檢查產道有無受損。不當助產或分娩處環境衛生不佳，易造成胎衣滯留、陰道撕裂傷或子宮炎等風險，不但會影響產後母牛之採食量，亦會延遲產後子宮復原時間，影響日後該母牛之發情、配種期程。

產犢後，需供給母牛足夠之飲水及新鮮飼糧，並及時擠出初乳供初生仔牛食用。

九、擠乳

一般而言，乳牛場的最主要收入來源即是生產、出售生乳。因此，如何掌握生乳收穫的技術、擠乳系統之清潔維護、生乳之貯存運輸等要領至關重要。

（一）生乳收穫

擠乳時為牛隻最佳受觀察檢視期間，可經由觸摸乳房與擠出前乳，評估乳房健康狀態；經由觀察瘤胃飽滿度、牛隻站姿、蹄部與飛節等正常與否，評估飼糧與畜舍環境是否恰當。

牛隻進入擠乳室前，通常會經過蹄部藥浴池，藥浴池長度至少需供牛隻走兩步；藥浴液面高度至少須使最後一頭牛踩過時，池水仍能剛好淹沒過蹄冠。牛隻行走動線不可有溼滑、陡坡或急轉彎，以免造成牛隻滑跤、緊迫，進而影響產乳量與牛隻肢體健康。

牛隻進入擠乳室時，通常會以固定之社會序位輪番進入，若出現異常，則牛群可能有異狀發生。牛隻進入擠乳室後，需確保其體表與

乳頭周圍乾淨，避免細菌、泥土或糞便汙染乳頭。套上乳杯前，可經由擠前乳評估牛乳狀況是否正常，例如：用肉眼查看乳中是否出現凝塊或血塊，以及牛乳顏色是否為正常乳白色。擠乳過程中，影響乳質、乳量的各種因子列於表 2-10。

▶表 2-10　影響乳質乳量之擠乳過程因子

項目	影響因子
1	擠乳過程（含驅趕過程）粗暴且音量異常大。
2	擠乳機異常，如：真空壓力過大或過小、漏電、脈動比錯誤等，以及橡膠襯套等耗材裝設錯誤，或未依使用之時間期限、次數更換。
3	擠乳空間過窄。
4	環境整潔不佳，蚊蟲、蒼蠅過多。
5	牛隻本身因素，如：初產牛無經驗，乳頭、蹄部或其他部位受傷。

擠乳方式可分為傳統人工搭配擠乳機式，與完全自動化擠乳式。臺灣酪農仍以傳統式擠乳為牛乳收穫之主流，但愈來愈多的牧場經營者對完全自動化擠乳系統有興趣。傳統擠乳流程及應注意事項列於表 2-11。採用完全自動化擠乳之優缺點列於表 2-12。

（二）擠乳機清洗與生乳貯存

擠乳機之自動清洗系統依各廠牌推薦之操作規範而使用，大多依表 2-13 之自動清洗程序沖洗。但須注意，所使用之清洗劑或殺菌劑均需符合食品規範等級，清洗劑濃度為 0.3～0.5％；殺菌劑濃度為 0.25％，最後須以 60～70 ℃ 的熱水循環沖洗。此外，擠乳前，須以大量自來水沖洗管線，以確保管線內達到食品安全的程度。擠乳機所使用之天然橡膠襯套（約可供 600 次擠乳）或人工橡膠襯套（約可供 1,000 次擠乳），亦須配合推薦使用次數定期更換，以免造成彈性疲乏，

而引起牛隻乳頭受損或擠乳未完全之情況發生，或襯套內壁龜裂細菌在內繁殖而衍生種種問題等。

▶表 2-11　傳統擠乳流程應注意事項

擠乳流程	細節	注意事項
清潔	1.將乳頭清洗、擦拭乾淨。 2.擠乳前藥浴。	1.前藥浴藥劑不可殘留於乳中。 2.使用前藥浴之藥劑需符合乳場與食品規範。
擠前乳及前處理	1.擠出前乳並觀察。 2.清潔擦拭乳頭，同時按摩乳頭及乳房至少 15 秒。	1.乳頭需以紙巾或消毒過專用毛巾擦拭乾淨，避免乳頭上汙水流入乳杯中。 2.避免乳房炎乳汁汙染其他乳頭。
套上乳杯	1.擠前乳至套上乳杯，時間不宜超過 90 秒。 2.乳杯需垂直往上套，乳管不可扭曲。	1.乳杯須保持乾淨。 2.乳頭與乳杯密合接觸，以防乳杯吸入空氣，否則易提高乳房炎風險。
擠乳	1.確認乳杯及管線位置適當。 2.觀察牛隻行為狀態。	1.若壓力或脈動不順，將影響牛隻情緒。 2.若多組乳杯因不明原因掉落，需檢查擠乳機真空度是否異常。
乳杯脫落	1.關閉擠乳機真空閥。 2.檢查乳頭與乳房。	確認有無擠乳未完成或過度擠乳之情況。
後藥浴	乳頭藥浴。	確保 2/3 乳頭長度浸泡到藥劑。

▶表 2-12　自動化擠乳之優缺點

優點	減少人力成本。
	可即時獲取乳房各分房數據，如：乳量、導電度、乳溫、擠乳時間與速度。
	清楚記錄每頭牛每日擠乳次數及擠乳間隔。
	若有分房乳提前擠完，乳杯會自動脫落，避免過度擠乳。
缺點	首次投入自動化擠乳系統之設備成本大，且需更高的牛場管理技術水準，例如使用精料或部分混合飼料 (Partial mixed ration, PMR) 代替完全混合飼糧 (Total mixed ration, TMR)，以誘引牛隻進入自動化擠乳系統等。
	動線須設置清楚，避免通道過窄、迴轉空間受阻等。
	日常健康管理需多注意，否則跛腳牛隻不願意進入擠乳機。
	乳頭排列整齊度需列入考量，否則無法適應擠乳機，造成擠乳失敗。

收穫之生乳應貯存於 2～4 ℃ 之貯乳槽中，可保生乳品質 3 日無明顯變化。貯乳槽之清洗程序同擠乳機者，為避免貯乳槽之縫隙死角無法達到良好清洗效果，應每隔 4～7 日進入貯乳槽中，將清洗不易處加以人工補強清洗乾淨。

▶表 2-13　擠乳機自動清洗程序

步驟	方法
步驟一	38～40 ℃ 的溫水循環沖洗 10～15 分鐘後排乾。
步驟二	70～80 ℃ 的熱水加鹼性清潔劑，循環沖洗 10～15 分鐘後排乾。
步驟三	38～40 ℃ 的熱水加酸性清潔劑，循環沖洗 10～15 分鐘後排乾。
步驟四	60～70 ℃ 的熱水循環沖洗 10 分鐘後排乾。

十、泌乳期之飼養

泌乳牛之泌乳期間泌乳量之變化曲線，顯示於分娩後 1～2 個月可達到泌乳量高峰，其後則逐漸下降，因此，飼糧配方需配合牛隻泌乳量變化作調整。高產牛隻於泌乳高峰期間，泌乳所需之營養需要量無法完全由飼糧供應，尚需仰賴體內貯存之營養分降解出來，以補足飼糧供應不足之部分。因此，分娩前牛隻若能維持良好體態，使其體態評分達到 3.5～3.75，而分娩後採食狀況良好且健康狀態佳，對分娩後產乳量之提升有莫大效果。

1.泌乳天數 100 日以下之飼養：

分娩時體態評分若能達 3.5 分，至產後 60 日體態評分為 2.5 分，此期間若能供給優質芻料，視狀況調整過瘤胃脂質與蛋白質之搭配使用，改善飼養場所的熱緊迫狀態，促使牛隻有最大採食量，以降低能量負平衡之嚴重程度，如此可使泌乳牛發揮最大泌乳效能而達泌乳高峰。

2.泌乳天數 100～250 日之飼養：

此期間泌乳量高峰已過，採食量高峰已達，營養分的攝取量常能超過泌乳所需的營養分支出，故其剩餘的營養分可支持體態評分增至 3.0 分。

3.泌乳天數 250～310 日之飼養：

體態評分需增至 3.5 分，使牛隻蓄積足夠能量（體脂肪），供下次分娩使用。過瘦之牛隻需提供高澱粉質或高能量飼糧，以免造成分娩時能量貯存不足。

（一）泌乳期飼料之調配

欲使乳牛高量產乳，需控制芻料之供應量，以免採食過多芻料占據大量瘤胃容積，以致降低精料採食量，而使總營養分攝取不足，尤其是能量攝取不足，而成為泌乳量的第一限制因子。整體而言，飼糧之粗料與精料之乾物質含量比例，以 50：50 為宜，避免芻料採食過多造成精料採食不足，使能量攝取呈負平衡狀態；同時避免精料採食過多造成牛隻瘤胃酸中毒或鼓脹。

牛隻若芻料採食不足，會影響瘤胃微生物菌叢，造成瘤胃無法正常運作使代謝異常，進而影響牛隻健康狀態與乳中乳脂率下降之現象。乳牛飼糧中中洗纖維 (Neutral detergent fiber, NDF) 含量至少 25% 以上，而酸洗纖維 (Acid detergent fiber, ADF) 含量至少 19% 以上。依 NRC (2001) 建議，泌乳天數 90 天且日產乳 35 公斤之荷蘭泌乳牛，其預測之每日乾物質採食量需 23.6 公斤，每日建議之飼糧組成乾物重為：玉米青貯料 8.21 公斤、大豆粕 1.62 公斤、豆科牧草青貯料 4.57 公斤、蒸熟玉米片 4.33 公斤、乾草 3.21 公斤與維生素礦物質 0.49 公斤。

（二）副產物之利用

副產物為農作、食品、酒類與油類等各式產品，於生產該等產品後之剩餘物，多用作家畜飼料或有機肥之原料，常見者有毛豆藤、廢毛豆、花生藤、豆腐渣、啤酒粕與含可溶物乾酒粕 (DDGS) 等。因其來源豐富、變異性大、非全年生產與含水率高等因素，故使用上需注意掌握各類副產物之飼料特性。

花生藤乾草為花生採收後，經日曬打包而得，由於水分含量仍高，貯存時需注意黃麴毒素含量升高的問題，此外，由於其打包時易混入土壤，可能有高灰分含量。

適量使用豆腐渣可提高產乳量，過多則影響乳成分，造成乳脂率偏低，此外，其水分含量高，於飼糧調製時需特別注意。

新鮮啤酒粕可貯存使用之期間約一週，其蛋白質含量高，使用上需注意飼糧粗蛋白質含量，避免過高造成乳中尿素氮過高，於泌乳牛飼糧中可使用 6～12%，即每頭每日 5～10 公斤。

DDGS 為生產工業酒精後之剩餘物，其粗蛋白含量為 30%，為良好之過瘤胃蛋白質來源，其所含中洗纖維之消化率佳，但有效性纖維含量低，推薦用量為飼糧之 10%。

十一、乾乳期之飼養

牛隻予以乾乳之目的為：減少乳房炎發生率、提供胎兒充足營養以供生長、建立良好營養基礎供支持下一泌乳期之高峰產乳量用、供乳房良好休息與組織修復用。

乾乳期儘量不低於 60 天（2 個月），日數過少易影響日後產乳量；日數過長易造成牛隻過於肥胖，以及延長牛隻維持費用之消耗期間。

乾乳期可細分為 2 期：乾乳前期與乾乳後期。當每日產乳量低於若干公斤，擠乳所得抵不過擠乳支出，或是預產期 8 週後將屆，即可準備將該泌乳牛予以乾乳，乾乳方法列於表 2–14。乾乳期間牛隻的飼糧精芻料組成比例與餵量，視牛隻體態評分而定，若體態評分在 3.0 以下，可給予每日每頭 10～15 公斤的泌乳牛飼糧，視肥瘦程度酌量給予。若體態評分在 3.0～3.5 間，則以芻料任食、限食控制體態評分，使之在分娩將屆時，體態評分能達 3.5～3.75。依 NRC (2001) 建議，妊娠天數 240 天、仔牛預計出生體重 45 公斤且日增重 0.67 公斤之荷蘭乾乳牛，其預測之每日乾物質採食量需 14.4 公斤，每日建議之飼糧組成乾物重為：禾本科牧草青貯料 8.1 公斤、麥稈 5.79 公斤與維生素礦物質 0.48 公斤。

▶表 2–14　乾乳的方法

方法	措施
調整飼糧組成	1.調降飼糧中精料含量，甚至停用精料。 2.減少使用生鮮牧草，以乾草替代。 3.減少使用青貯料或根菜類等多汁性芻料。
減少擠乳次數	視情況由每日擠乳兩次降至每日一次，再逐漸拉長擠乳間隔，至每日產乳量 2 公斤以下時，即可乾乳。
限制飲水	減少擠奶次數仍無法乾乳者，需嚴格限制飲水。

乾乳前期：是指從分娩前 2 個月至分娩前 3 週。飼糧中陽離子主要是鈣、鎂、鈉、鉀，避免飼糧中陽離子過高，通常為控制鈉、鉀、鈣含量，以免產生亞急性低血鈣症（乳熱症）。使用陰離子飼糧可調整牛隻代謝生理成微酸性狀態，以激發牛隻身體維持高血鈣狀態、提升血鈣應變機制的功能，以應變母牛於產後乳腺組織合成乳液時，突然激增之鈣需要量。

　　乾乳後期：分娩前 3 週至分娩的階段。持續使用陰離子飼糧，注意芻料之鉀離子含量避免過高。努力維持產前乳牛之食慾與採食量，降低產後能量負平衡之發生率。

　　產後牛隻較虛弱，需給予充足飲水、新鮮飼糧與足夠之休息空間，產後 14 天內需特別關注其體溫、瘤胃飽滿度、糞便性狀、乳房狀況、活動力、採食量與產乳量，採取措施以降低牛隻發生胎衣滯留、子宮內膜炎或酮症之發生率。胎衣滯留、子宮內膜炎之發生原因列於表 2–15。

▶表 2–15　胎衣滯留、子宮內膜炎之發生原因

胎衣滯留	營養如：維生素 A、E，硒、碘等缺乏引起。
	產褥熱。
	牛隻體態不佳，過瘦或過胖。
	產犢時造成之子宮損傷。
	產犢環境不佳引起感染。
子宮內膜炎	產犢環境不佳引起感染。
	牛隻自身免疫力低下。
	助產不當。

十二、乳牛之健康與風險管理

（一）牛隻健康檢查

　　牛隻健康檢查分為視診、聽診、觸診、扣診、嗅診與抽血檢查，分別介紹於下。

1.視診

　　經由觀察牛隻一般外貌檢視其精神與營養狀況，如：眼瞼是否乾淨無分泌物、鼻鏡是否潮溼冰冷、乳房有無紅腫硬塊或溫度過高之情

形、採食與反芻情形是否正常、皮毛色澤有無異常。亦可經由體態評分檢視牛隻體格狀態是否過重或過瘦，場內若無地磅可直接測量牛隻體重，可經由前述之方法估計之。

2. 聽診

以聽診器聽診牛隻心跳次數、瘤胃蠕動聲音與脈搏次數是否正常。牛隻於採食、反芻及休息時，瘤胃蠕動聲音皆有明顯差別，另可檢測尾中動脈或頸動脈之脈搏次數，瞭解牛隻之生理健康狀態。

3. 其他

觸診如觸摸牛隻皮膚、肌肉與直腸；扣診如敲打牛隻腹部，確認有無脹氣；嗅診如聞牛隻糞便及體味，檢查牛隻胃腸道狀況與生殖道是否有異；抽血可經由採取頸部或尾根之靜脈血液，進行血液生化值分析。

（二）牛隻疫苗注射

牛場一旦環境不佳，易致蚊蠅孳生，而大量之蚊蠅對人畜健康為一大威脅，如何有效改善環境並配合驅蟲計畫，以降低蚊蠅量，實為一大課題。有效減少昆蟲病媒數量，即可降低牛隻感染某些疾病之風險。

目前影響臺灣乳牛較常出現之疾病為牛流行熱 (Bovine Ephemeral Fever, BEF)，過去好發於夏、秋兩季，目前全年均可能發生。該病經由庫蠓（糠蚊）等昆蟲媒介傳染，一旦發病，輕者降低產乳量或引起流產，重者危及牛隻生命，造成極大經濟損失。其防治方法除了以殺蟲劑或捕蟲器降低蚊蟲孳生外，尚需為牛隻接種疫苗形成免疫力，以降低發病率。

行政院農業委員會已於 107 年 7 月 1 日宣佈，臺灣本島、澎湖縣

與馬祖地區各草食動物全面停止注射口蹄疫疫苗，並於屆滿一年後向世界動物衛生組織申請成為「非施打口蹄疫疫苗非疫區」，截至目前，除金門外，其餘地區牛隻毋須施打口蹄疫疫苗。

牛結核病 (Bovine tuberculosis, BT) 為法定傳染病，目前不施行疫苗注射，由當地防疫機關採內皮牛結核菌素試驗 (Intradermal tuberculin test, ITT)，有腫脹經判定為陽性反應者，由當地防疫機關執行撲殺之工作，同場全部牛隻均須作移動管制。陽性場內所有牛隻應每三個月檢驗一次，經連續三次 ITT 檢驗，且每次檢驗所有受檢牛隻均為陰性之後，始可恢復為牛結核病陰性場之例行性檢驗。

牛結節疹 (Lumpy skin disease, LSD) 為痘病毒科山羊痘病毒屬之牛結節疹 DNA 病毒所致，非人畜共通傳染病，只感染牛與水牛。一旦入侵時，應依動物傳染病防治條例之規定，立即主動通報動物防疫機關。民國 108 年金門曾發生此病例，110 年臺灣亦有病例發生。該病除受吸血性昆蟲作生物性媒介傳染外，亦可透過家蠅沾附含該病 DNA 病毒之皮屑、分泌物、血液等，作機械性之傳染。該病需賴注射疫苗來控制。

（三）蹄部健康維護

牛隻蹄部健康為牧場管理要項之一，每年需進行預防性修蹄、供給適當芻精料比例之飼糧、定期蹄浴、維持牧場地面平整不溼滑，且確保牛蹄負重比例正確，皆為牛群管理上的重要課題。

牛蹄每週約生長 0.1～0.2 公分、厚度為 1 公分。經妥善飼養管理，才能避免蹄病發生。影響蹄底出血之因子列於表 2–16。如能於牛隻不同生理階段，給予其所需營養之飼糧，加強管理人員對護蹄的教育訓練，強化與落實動物福祉觀念，以及改善環境地板、牛床舒適度與牛

群動線等問題，即可降低蹄病發生率。常見之蹄病列於表 2–17。一旦發生蹄病，若能及早治療，找出發生原因予以改善，即可降低牛隻損耗率，減少牛場的成本耗損。

　　牛之蹄病發生率與嚴重程度，與牛床、運動場之躺臥及活動空間是否充分有密切關係，應依據牛隻體型大小提供乾燥舒適之躺臥及活動面積，避免牛隻相互爭奪躺臥空間而站立，以致牛隻腳蹄無法充分休息則易得蹄病。躺臥區若無牛床則應鋪設軟墊或墊料，墊料厚度至少 5 公分，每天須填補乾淨墊料，每一至二週須全部更新墊料一次；若使用環保墊料需符合其使用方法。鋪設軟墊或墊料之地面面積依牛隻體型大小而異，哺乳仔牛每頭需有單獨隔離欄面積至少 1.8 平方公尺；體重 100 至 250 公斤之離乳後女牛，每頭需欄舍面積 5 平方公尺；體重 251 至 400 公斤之中女牛，每頭需欄舍面積 6.5 平方公尺；體重 401 至 550 公斤之懷孕女牛、初產母牛，每頭需欄舍面積 7.5 平方公尺；體重 550 公斤以上之經產牛，每頭需欄舍面積 8.5 平方公尺；轉換期前後 3 週的懷孕牛，每頭需欄舍面積 10.5 平方公尺；公牛每頭需欄舍面積 18 平方公尺。躺臥區若有牛床，則牛床寬度每頭應至少 1.27 公尺寬或牛隻臀寬的 1.8 倍，牛床長度則依體型大小提供充足空間。除了牛床之外，每頭牛至少須有 6 平方公尺的活動範圍。牛床應由排水性佳之柔軟材質製成，且其空間應容許牛隻輕易躺下與站起，每日至少清理其上之糞便 1～2 次。

　　牛床總長度則依牛隻體型大小而提供，牛隻頭部前方無遮欄之單排牛床，則 550 公斤體重牛隻每頭需 2.1 公尺之牛床總長、700 公斤體重牛隻需 2.3 公尺之牛床總長、800 公斤體重牛隻需 2.4 公尺之牛床總長；牛隻頭部前方有遮欄之單排牛床，則 550 公斤體重牛隻每頭需 2.4 公尺之牛床總長、700 公斤體重牛隻需 2.6 公尺之牛床總長、800 公斤

體重牛隻需 2.7 公尺之牛床總長；若是頭對頭雙排牛床，則 550 公斤體重牛隻需 4.2 公尺之牛床總長、700 公斤體重牛隻需 4.6 公尺之牛床總長、800 公斤體重牛隻需 4.8 公尺之牛床總長。

　　牛舍內之環境條件：畜舍環境中所有尖銳、突出邊緣或物件應迅速移除，破損地面應即修補。如為水泥地面，需具有止滑溝紋或安裝防滑設施。應維持良好衛生，每天刮除非墊料休息區域地面糞便至少 2 次。當溫溼度指數 (temperature-humidity index, THI) 大於 72，必須能立即採取各種有效的降溫措施，如淋浴配合風扇吹風。具有強制通風設備，能使舍內氨氣濃度低於 25 ppm。白天舍內亮度應至少維持 200 流明 (lux)，或至少可在舍內輕鬆閱讀報紙的亮度。應設置有隔離治療區。

　　牛場應設置室外運動場：每頭生長牛至少有 10～12 平方公尺活動範圍，每頭成年牛至少要有 16 平方公尺活動範圍。運動場最好有部分遮蔽區域，以便躲避不良氣候之用。為節省空間，運動場可分批輪流使用，每週應至少清理一次。牛隻若有充分的運動時間與空間，可減少蹄病的發生。

▶表 2-16　蹄底出血之影響因子

因子	說明
飼糧組成失衡	飼糧中芻料含量不足，快速醱酵碳水化合物過多，造成瘤胃過酸或酸中毒，影響蹄底生成。
牛隻生理狀態	1.牛隻於產犢前後蹄部結締組織擴張，易出血。 2.牛隻於產乳初期，生成之蹄趾因能量負平衡、代謝狀態改變與血鈣濃度較低，造成蹄底軟化。
環境不佳	1.畜舍地板過硬，使蹄底負重增加。 2.環境過度溼滑，蹄底過度磨損。 3.牛床不舒適或過於擁擠，使牛隻站立時間過長。 4.地板不平整或動線坡度過陡。
管理不佳	管理人員驅趕牛隻過度急迫、粗暴，造成牛隻緊迫。

▶表 2–17　常見之蹄病

蹄病名稱	蹄病描述	參考圖片
不對稱蹄趾	內外趾寬度、深度與長度明顯不一致，修蹄後也無法取得平衡。	
蹄葉炎	於趾間皮膚感染，造成疼痛性潰瘍或角質化增生。	
雙層蹄底	蹄底雙層或多層。	
蹄跟腫而糜爛	蹄底和蹄球腫而糜爛，多呈 V 字型，可能已糜爛至真皮層。	
蹄底出血	蹄底雙側或白線處出現裂縫、分散，呈局部紅色或微黃色。	

蹄底潰瘍	蹄底潰瘍滲漏、出現新真皮層或壞疽性真皮。		
白線病	有或無化膿性滲出物性白線分離。		
蹄冠或蹄球腫脹	由許多因素造成單邊或雙邊組織腫脹。		

資料來源：國際畜政聯盟乳牛蹄部健康圖集

ICAR CLAW HEALTH ATLAS. 2020 (2nd edition). Egger-Danner, C., Nielsen, P., Fiedler, A., Müller, K., Fjeldaas, T., Döpfer, D., Daniel, V., Bergsten, C., Cramer, G., Christen, A.-M., Stock, K. F., Thomas, G., Holzhauer, M., Steiner, A., Clarke, J., Capion, N., Charfeddine, N., Pryce, J.E., Oakes, E., Burgstaller, J., Heringstad, B.,Ødegård, C. and J. Kofler. Published by ICAR, Via Savoia 78, Scala A, Int. 3, 00191 Rome, Italy. http://www.icar.org/Documents/ICAR_Claw_Health_Atlas.pdf

（四）風險管理

乳牛場應聘僱專任或特約獸醫師，擬定整場之衛生防疫計畫，並定期與不定時督導執行，以確保場內牛隻健康，並降低外來病原感染之風險。

牧場大門應裝設門禁與自動消毒設施，以進行自衛防疫管理，門外應裝設「防疫期間，謝絕參觀」等類似告示，避免閒雜人等隨意進入場區。各棟牛舍前應設置消毒池且定期更換消毒液，工作人員進入

前應更換工作服與工作鞋。外來訪客需換上防護衣及穿戴鞋套，避免近距離接觸牛隻。牛隻運動場可定期灑佈石灰粉，或噴灑 1～3% 氯胺 (Chlormine) 消毒液，且定時巡視場區排除積水。牛舍內固定於每週三（全國消毒日）進行消毒，需先將地板、頸夾等設施清洗乾淨，再使用消毒水噴灑，消毒水使用比例依包裝建議使用，其種類宜定期更換輪替。另可使用火焰消毒法，消毒頸夾等死角。

　　除畜舍消毒外，病媒動物之防治亦至為重要，吸血昆蟲可致泌乳量下降三成。牛舍內與周邊水溝應保持通暢，並定期於周圍噴灑消毒液，牛舍周邊可放置滅蠅藥、捕鼠器、捕蚊燈等裝置，如此可降低病媒導致生物性與機械性之傳染。為防止鳥類進入畜舍，可加裝防鳥網，並於飼料桶加蓋及防止飼料散落留置於牛床上以引來鳥類。

　　非必要不對外購買牛隻，如有自外購入牛隻，應向無傳染病（如牛結核病等法定傳染病）汙染之牛場購入，並實施 2 週以上之隔離措施，切勿立即混養於原有牛群，並於隔離期間觀察購入牛隻有無發燒、下痢或咳嗽等症狀。

　　牛隻除每年施打牛流行熱疫苗外，3～6 月齡仔牛應施打驅蟲藥針或灌服粉劑。成長牛及成年牛每年定期驅除內、外寄生蟲一次。透過定期噴灑外寄生蟲驅蟲藥，以防治外寄生蟲如壁蝨等，同時可預防焦蟲病與邊蟲病等。

十三、科技化養牛

　　乳牛場之經營是全年無休的事業，每日皆需餵養牛隻、擠乳、觀察牛群發情、注意牛隻行為與活動量，如此須耗費大量人力與時間。若遇上牛隻遭遇疾病、意外，又需額外增加勞動力及金錢成本，如此長時間工時與勞動力不足等因素，降低新投資人以及後代接班的意願。

　　近年來，養牛行業已從僅依靠人力之模式，進步到智慧養牛之科技時代，透過整合養牛資訊與電腦資訊化管理，已逐漸解決長時間工時與勞動力不足等問題。以下介紹目前臺灣常見之科技化養牛系統。

（一）無線射頻辨識系統

　　無線射頻辨識 (Radio Frequency Identification, RFID) 系統，採用以電子耳標釘置於牛隻耳朵內側，耳標外印有號碼，可供肉眼識別。如此一來，利用掃描器在養牛現場可快速辨識牛隻身分，減少因人腦記憶或人工作業紀錄之疏失，管理者也可迅速得知牛隻個別資料，諸如：配種日期、乾乳日期、分娩日期、疾病治療措施與牛隻生乳品質等資訊，省去攜帶報表紙本至現場翻閱查詢之時間，提高工作效率。

（二）發情偵測系統

　　以往觀測發情，皆仰賴人工以肉眼觀察、判定，此工作需經驗、耗時、費人力，若想達到縮短空胎期、提高配種懷孕率與早期發現乏情或流產牛隻之目標，需全天候觀測牛隻發情徵狀，避免錯過牛之發情與最佳配種適期。

　　發情偵測系統種類繁多，諸如：壓力偵測器、計步器或頸部偵測器。壓力偵測器為貼在牛隻尾根之貼片，一旦牛隻被駕乘則貼片即變色；計步器多裝設於牛隻前腳，一旦活動量增加即可據以判斷為發情；頸部偵測器可偵測牛隻頸部高度，一旦展開駕乘，牛頭部高於設定值，即可知為發情。

（三）反芻偵測系統

反芻 (Rumination) 為評估牛隻生理、健康狀態之重要指標。一旦牛隻反芻時間低於每日 450～500 分鐘，即出現警訊，可能有以下的問題：飼糧芻精料比例調控異常、芻料長短纖維比例異常、牛隻遭遇疾病等健康問題（如：乳房炎、蹄病）、環境溫溼度過高的熱緊迫狀態、牛隻處於近分娩或發情的生理狀態。如能透過牛隻反芻偵測而早期發現異常，提早應對，即能避免情況愈演愈烈，亦能因此降低經濟損失。

反芻偵測系統乃透過偵測牛隻反芻產生之聲紋，經分析後獲得反芻次數，且可定期將資料傳至電腦，透過相關軟體可即時找出牛群中反芻異常之個體，供管理者及時採取處理措施。

（四）貯乳槽溫度監控系統

擠乳後之總乳乃存放於貯乳槽中，槽內需持續攪拌並將溫度維持於 3～4 ℃，以維持最佳生乳品質。一旦貯乳槽出現內部元件故障，造成槽內溫度異常，若管理者無法立即得知異常，可能會造成生乳溫度過高，引起細菌異常增生，或槽內溫度過低，而至生乳結冰等狀況，不論何者，一旦生乳變質就會導致經濟損失。

貯乳槽溫度監控系統乃透過溫度感測器可即時獲取乳溫資訊。一旦乳溫異常，即可產生警報通知管理者，以便迅速進行障礙排除，避免生乳品質變劣。

（五）機器人擠乳機系統

　　擠乳為乳牛場最重要工作之一，收穫之生乳為乳牛場最主要的收入來源，而擠乳工作需富經驗、需耗費大量時間及可靠的人力，且無論颱風或寒流來襲仍須進行擠乳工作，通常每日固定需擠乳 2 次，產乳量高之牛隻尚須進行 3 或 4 次之擠乳，否則易導致牛隻乳腺發炎，將造成更大的經濟損失。

　　傳統擠乳有上述之問題，故發展出機器人擠乳機系統以取代之。機器人擠乳機系統乃透過感測器及應用軟體，以進行辨識牛隻號碼、乳頭自動清洗、自動擠乳、偵測異常乳與自動消毒等，又可記錄個別牛隻每日擠乳次數、各分房乳量等資料，且於每次擠乳完後進行系統消毒，避免交叉感染，減少時間成本等。但需注意，並非所有牛隻皆適合機器人擠乳機，尤其需注意牛隻乳房深度、乳頭排列位置及乳頭長度等變化因子，以免乳杯不易套上乳頭。

習題

1.試述臺灣牛肉與鮮乳之供應狀況。

2.為何臺灣飼養的乳牛品種以荷蘭牛為主？

3.請列出各生理、生產階段的牛隻稱呼與定義。

4.試述荷蘭牛之品種特性。

5.為何耐熱性佳之娟姍牛在臺灣飼養但卻無法普遍？

6.乳牛群改良之意義為何？

7.乳牛群改良之內容為何？

8. DHI 資料有何用途？

9.影響產乳量之因子有哪些？

10.產乳量如何標準化？

11.基因體選拔有哪些優點？

12.試述牛隻門齒與年齡之關係。

13.試述採用公牛自然配種之優缺點。

14.試述女牛適合配種的決定因素。

15.試述牛隻發情的徵狀。

16.偵知牛隻發情的方法有哪些？

17.如何把握發情牛隻之配種適期？

18.試述檢測牛隻懷孕之方法。

19.仔牛出生後為何須立即餵予初乳？

20.哺乳仔牛餵予常乳或代乳粉之優缺點為何？

21.餵飼教槽料應注意哪些事項？

22.哺乳仔牛何時可離乳？

23.為何荷蘭女牛日增重應維持 0.8～1.0 公斤？

24.女牛於預定分娩前 6～8 週，試述須特別注意之飼養管理重點。

25.試述影響乳質乳量之擠乳過程因子。

26.試述傳統擠乳流程應注意事項。

27.試述擠乳機自動沖洗之程序。

28.如何使泌乳牛發揮最大泌乳效能而達泌乳高峰？

29.試述泌乳期飼料之調配。

30.牛隻予以乾乳之目的為何？

31.試述胎衣滯留、子宮內膜炎之發生原因。

32.試述牛隻蹄底出血之影響因子。

33.試述養牛場之風險管理。

34.試略述科技化養牛之管理系統。

第三章　肉　牛

一、肉牛之品種

（一）安格斯牛 (Angus)（如彩圖 6 所示）

原產於蘇格蘭，毛色為全黑色，體格不及白面牛、短角牛碩大，但飼料利用率和生長速率都很高，背腰平直，腰薦部豐滿，體軀深廣呈圓筒狀，四肢短而端正，具有典型的肉牛特徵。成年公牛體重可達900 公斤，母牛 700 公斤。舍飼或放牧皆適合。母牛早熟易配種、母性良好，泌乳量多，在歐洲肉牛品種中名列第二，仔牛體格較小，所以難產的機會不多。本品種以高品質屠體著稱，其屠體具豐富大理石紋的脂肪分佈。

（二）海佛牛 (Hereford)（如彩圖 7 所示）

原產於英格蘭，全身被毛除頭部、垂皮、鬐甲、腹下、四肢下部及尾尖為白色外，其餘體表均為暗紅色。本品種體型深寬，肌肉豐滿，頸短而厚，前軀飽滿，中軀肥滿，臀部寬厚，四肢短粗，具有典型的肉牛特徵。成年公牛體重約 850 公斤，母牛 550 公斤，性格溫馴，耐粗性佳。

（三）短角牛 (Shorthorn)（如彩圖 8 所示）

原產於英格蘭，毛色為紅、白與栗色，此品種產乳量高達 4,000 公斤，於十九世紀經強勢選拔，育成性早熟與體軀厚重、緊湊之品種，而使本品種分別形成乳用與肉用兩品種。肉用品種之體軀為長方形，肉附著率高，肉質良好。經肥育後，其屠體易形成大理石紋之高品質肉。成年公牛體重約 950 公斤，母牛 650 公斤。因母牛泌乳量高，故仔牛增重迅速，於 18 月齡即可上市。母牛性情溫和易飼養，惟耐熱性差，不適於熱帶飼養。

（四）婆羅門牛 (Brahman)（如彩圖 9 所示）

屬印度牛種，於 1987 年自美國及澳洲引入臺灣，有白色與棕色兩種品系，目前以白色為大宗。本品種肩峰明顯，頷、頸及腹部中線有明顯垂皮，體型高長，毛色主要為銀白、淡灰、深灰與棕色。公牛體軀前後顏色較深暗；鼻鏡、蹄及尾根毛為黑色。公牛體重可達 750～1,000 公斤，母牛可達 450～640 公斤。本品種汗腺發達，皮脂腺可分泌特殊體味驅離昆蟲，耐熱，抗壁蝨，因性成熟較晚，繁殖效率較低。

（五）西門沙爾牛 (Simmental)（如彩圖 10 所示）

原產於瑞士，屬役用牛，隨社會需求逐漸發展為乳肉兼用種。本品種毛色為黃白花或紅白花，體軀豐滿，頸長充實，前軀發達，中軀深長，胸部寬深，肋骨開張，鬐甲較寬，乳房發達，四肢粗壯，公牛體重可達 1,200 公斤，母牛可達 700 公斤。繁殖力與母性均佳，屠體脂肪分佈少，大理石紋脂肪分佈於水平之下。

（六）臺灣地區飼養之肉用牛品種

目前臺灣常見肉牛品種以黃雜牛占最多數，其次為臺灣黃牛、臺灣水牛、安格斯與少數之和牛。臺灣 106～110 年之肉牛飼養場數及在養頭數列於表 3–1。

▶表 3–1　106～110 年臺灣肉牛飼養場數及在養頭數

年度	飼養場數	在養頭數			
		乳公牛（肉用）	黃牛及黃雜牛	水牛	總頭數
106	819	19,037	13,533	1,861	34,431
107	820	19,017	14,153	1,913	35,083
108	817	18,344	13,465	1,818	33,627
109	778	18,377	13,959	1,986	34,322
110	767	17,676	14,846	1,820	34,342

資料來源：行政院農業委員會畜牧類農情統計調查結果

1.臺灣水牛（如彩圖 11 所示）

水牛可分為河川型與沼澤型，臺灣水牛屬於沼澤型。臺灣水牛毛色為黑灰色，具有大而後彎的角為其特徵，因其體表缺乏汗腺，故喜歡在泥沼、流水中浸浴以散發體熱。臺灣水牛早期供作種植水稻之役用耕牛，當時欲作為肉用，則須 13 歲齡以上，以確保耕種役力無虞。臺灣水牛性情溫和，晚熟，對臺灣高溫多溼之氣候環境適應佳，耐粗飼，抗病力強，可將劣質粗料與高纖維飼糧，轉變成可供體內利用之能量與蛋白質，且轉換效率較其他品種牛隻者高，對乾物質的攝取量大，且能採食種類繁雜的各種芻料，對環境緊迫的適應能力強。

雖然如此，臺灣水牛由於社會環境變遷、屠宰頭數多於出生頭數，幾乎瀕臨滅絕，故由畜產試驗所花蓮種畜繁殖場，進行臺灣水牛保種計畫，以建立水牛保種族群，做長期保種工作，避免臺灣水牛滅絕。

2.臺灣黃牛（如彩圖 12 所示）

臺灣黃牛屬印度牛種，於十六世紀引入臺灣，初期為役、肉兼用，現逐漸轉為肉用飼養。黃牛體型小，骨架輕，毛色為不同深淺程度的黃、黑、褐、紅、白色及混合色。有肩峰，胸部有垂皮，腹部則無。性情溫馴、容易管理、耐熱、耐粗飼、耐旱、抗病力佳尤其能抗壁蝨。性成熟早，公牛發身日齡為 362 天，女牛發身日齡為 360 天。女牛初產日齡為 654 天。母牛發情週期為 19～26 天，不受季節影響，但夏季發情行為明顯程度卻比冬季者高。

臺灣黃牛耐熱、耐粗、抗病、早熟和風味特殊之特質，可供開發成具特色、地區性及本土性農畜產品品牌，也適合供作有機畜產之良好品種來源。目前已公告核准其品種，完成品種登記。

（七）飼養業者引進國外肉牛品種

近年來，由於消費者對國產牛肉需求量增加，為能使往後市場供應鏈穩定，國產牛肉除了需建立專業供應體系，尚需建立肉牛專業品種，以提升肉牛產業之整體價值。行政院農委會於 108 年獎勵國內肉牛飼養業者自國外引進肉種牛，期望能建立專業飼養模式，提升國產牛肉品質與產量。申請輸入之肉牛品種僅限於以往有引進、推廣或銷售者，即如：婆羅門 (Brahman)、夏洛萊 (Charolais)、婆羅格斯 (Brangus)、德國黃牛 (Gelbvieh)、利木贊 (Limousin)、皮埃蒙特 (Piedmont)、西門沙爾 (Simmental)、和牛 (Wagyu)、安格斯 (Angus) 及海佛牛 (Hereford) 等。儘管可申請輸入之牛種多達 10 種，多數業者偏向輸入安格斯，少數業者輸入和牛，其餘牛種幾乎無人引進。

二、肉牛之飼養管理

（一）飼養肉牛之經營型態

　　臺灣肉牛場之經營型態，通常為收購離乳仔公牛或不具經濟價值之淘汰乳牛。仔公牛經育成與肥育後上市；淘汰母牛視其肥瘦狀況而定是否上市，通常多經 2、3 個月肥育期後上市。少數場為一條龍飼養方式，自配種到仔牛出生、哺乳、育成與肥育等皆全數包辦，甚至於屠宰、分切及銷售也不假他人，如此，可完整掌握、追溯牛隻之飼養狀況，因而可提供消費者較完整之食品資訊，得以確保食品安全與國產牛肉之確定性。

（二）母牛群之飼養管理

1.母牛群之建立

　　建立新牛群之方法如下：

⑴若購入無生長紀錄之仔女牛，以其生長資料供作選拔種母牛之依據，淘汰生長成績差及過肥牛隻，挑選生長成績良好且體態優良者留作母牛。

⑵若購入有生長紀錄之未懷孕女牛群，則以 12～13 月齡者為佳，於 15 月齡配種前尚有 2～3 個月隔離飼養、檢疫之緩衝期。購入之女牛淘汰 1/4 生長成績相對較差者，其餘女牛留作種女牛使用。

⑶若購入已懷孕女牛，購入數目應比預期飼養頭數多 1/4，以供作淘汰不良牛隻、流產、難產或死產牛隻等損耗之空間。

⑷較不推薦購入成年母牛，因購入牛隻通常易為繁殖障礙、乳房炎、年老或其他健康問題而遭淘汰之牛隻。

購入牛隻需注意有無內、外寄生蟲之感染，應經獸醫師檢疫無傳染性疾病之感染疑慮，進場後，需經歷 1～2 個月之隔離檢疫期，確定健康狀態無疑慮，始可混入已有之牛群。

2.母牛群之飼養管理

懷孕母牛於孕期前 5 個月中，因胎兒生長速度較慢，故可不考慮額外供給營養或更改飼糧配方。懷孕後期及產後 3 個月內之母牛，需提高其營養之供應，並供給品質較佳之芻料與精料，使胎牛獲得良好發育，以提高未來仔牛育成率與母牛產乳量，更可使母牛產後復原速度加快，早日發情，縮短空胎期。

母牛配種可採季節性配種，其優點列於表 3-2。配種季節結束後 60 日，可進行懷孕檢查或再次觀察有無發情，以得知配種率。牛隻可透過體態評分得知其身體肥瘦狀況，以免母牛因過瘦或過胖影響其發情配種率、泌乳量或仔牛離乳體重等。

▶表 3-2　母牛採季節性配種之優點

項目	優點說明
1	維持公牛健康與精力，延長種公牛使用年限。
2	便於牧場管理，減少時間與人力之損耗。
3	提高牛群整齊度，便於仔牛管理。
4	於懷孕檢查後，可輕易算出次年預定生產頭數，以利後續飼養管理與上市規劃。
5	未受胎母牛可批次淘汰或擇期再次配種。

（三）公牛之選拔與飼養管理

不論採自然配種或是人工授精之繁殖方式，公牛對其所繁衍之肉牛群之影響力，均遠大於母牛群。

1. 公牛之選拔

　　公牛之選拔重點為其生長性能與配種能力。生長性能之選拔應著重於遺傳率高且有重要經濟價值之性狀，諸如：出生體重、離乳體重與一歲齡體重。選拔該三體重皆優良之公牛為候補公牛。候補公牛經檢定其配種能力合格後，始可稱為種公牛。配種能力之檢定可分為 3 項，即體型檢查、陰囊周長與精液檢查。

2. 種公牛之飼養管理

　　種公牛之飼養管理首應注意管控其體態，避免過肥，以及避免採食過多品質不佳芻料造成之「草肚」。於配種季前 60 日起至配種結束後之期間，酌量增加精料餵量，以維持公牛之體能與精力。種公牛避免多頭飼養於同一欄，因同欄飼養時，社會地位差距將造成相互間打鬥等狀況，以致影響各牛採食量不如預期。公牛欄不宜過窄，需提供適當空間供公牛運動，例如可採半放牧形式。另外，公牛舍各項設施需堅固牢靠，以免造成對人、牛之損傷。

　　種公牛亦可採取放牧飼養，其優點為：可降低飼養成本與人力成本、提供牛隻充足運動空間與陽光以達動物福祉之狀態、提高牛群健康程度；其缺點為：牧區養護不易需定期維護圍籬、較難就近觀察以致牛隻健康狀態不易掌控。種公牛採放牧飼養應注意事項為：注意牧區輪牧以達水土保持需求、牛群需定期清點避免損失、定期驅內外寄生蟲、隨時監視放牧區內牧草是否充足。

　　種公牛於配種期間與母牛之頭數比例，會影響其精液品質，1.5 歲齡之公牛，其公母比例不宜超過 1：15；2 歲齡者不宜超過 1：20；成年公牛與母牛之比例，不宜超過 1：50。配種期間，一母牛群中僅可放入一頭種公牛，以免公牛彼此間爭奪配種權，而相互打鬥、耗損精力且增加牛隻損傷情形。

3.種公牛之繁殖管理

　　種公牛應於配種前實施一般性體檢、生殖器官檢查、測量陰囊周長與評估精液品質。一般性體檢包含：檢測牛隻眼睛、身體狀態、腿部與腳蹄是否正常。生殖器官檢查包含：檢查公牛之睪丸、陰莖、前列腺與囊狀腺功能是否正常。精液品質評估包含：利用人工採精檢查精液性狀，諸如精液量、精蟲活力、精蟲樣態等。

（四）架仔牛之飼養管理

　　架仔牛為離乳至肥育前或配種前的年輕牛隻，通常多數為公牛。牛隻於此階段之骨骼、肌肉與臟器皆迅速發展，因此需費心予以照顧。架仔牛之飼糧組成宜給予較多精料，供其任食，以利正常生長與性器官發育。但仍需考量生產成本，因而採取彈性飼養，即牛價高漲且精料成本低廉時，可提高精料使用比例；牛價低迷且飼料成本高漲時，可考慮使用較多低廉的農業副產物。

　　架仔牛之飼養目的為：育成適宜肥育之架仔牛，與供選留候補之優秀種公牛。一般架仔牛約飼養至體重 300～350 公斤時，即進入肥育階段。育成期需注意避免牛隻過度肥胖，以免脂肪囤積過多，造成屠體瘦肉率不佳之狀況。留種公牛需注意其芻料採食量，避免出現「草肚」之現象，且於 8～10 月齡時進行穿置鼻環，以便後續種公牛之管控。

（五）肥育牛之飼養管理

　　肥育之目的除了繼續增重外，還需提高肌肉內脂肪之蓄積，提高肉品之品質與風味。脂肪蓄積順序依次為：皮下、肌肉間、肌肉內，最後為內臟器官。當架仔牛體重飼養至 300～350 公斤時，即可進入肥

育期，經 2～3 週適應期後，即可恢復正常增重，至體重達 450～550
公斤即可上市。此期間牛隻以圈飼為主，受短期間（約 3 個月）的催
肥，故畜舍空間不宜過大，避免造成能量浪費於多餘的運動。

三、肉牛之飼料

（一）芻料

肉牛飼養幾乎完全仰賴芻料。芻料來源多為國產禾本科牧草，如：
盤固乾草、青割狼尾草，或供給青割玉米。此外，臺灣地區尚有豐富
之農業副產物可供利用，如：竹筍殼、毛豆莢、毛豆藤、甘藷蔓、花
生藤、鳳梨皮、稻稈、番茄渣與酒粕等。使用副產物除了可減少精料
或芻料之使用，降低生產成本以提高飼養者之收益外，亦可解決農業
副產物之去化問題，若副產物缺乏有效處理，反釀成對環境之汙染，
反過來限制農業的生產。

副產物在使用上需考量：

1. 農作物之安全性，避免農藥殘留造成牛隻中毒。
2. 農作物之貯存方式，因副產物多數含高量水分，如保存方式不當，
   易產生黴菌毒素等有害牛隻之物質。
3. 副產物取得之方便性，農副產物通常量大、單位價格低，故其取得
   需考量交通上的便利性與經濟價值，以免運輸、取得成本過高，因
   此其利用以就地取得就地利用為佳。
4. 不同副產物所含之營養特性不同，使用上需考量其特性、適口性、
   使用量限制與牛隻適用狀態等。

（二）精料

穀物為肉牛精料之主要成分，常用者有玉米、小麥、大麥、燕麥、高粱、糖蜜與油脂等。穀物富含澱粉且纖維含量低，為良好能量來源，其蛋白質含量介於 7～15% 之間。

蛋白質補充料可再區分為植物性、動物性與非蛋白態氮 (Nonprotein Nitrogen, NPN) 等來源。植物性蛋白質補充料有：大豆粕、棉籽粕、花生粕、胡麻粕、亞麻仁粕與向日葵粕等。動物性蛋白質補充料有：肉骨粉、血粉、羽毛粉與魚粉等。非蛋白態氮來源主要為尿素。各種飼料原料之特性與使用注意事項列於表 3-3、表 3-4。

▶表 3-3　各種蛋白質來源飼料原料之特性與使用注意事項

項目	特性	注意事項
大豆粕	・胺基酸組成平衡，消化率高。	・粗蛋白質含量會因製法不同而異。
棉籽粕	・含棉籽酚，對反芻動物無害。	・添加過多易造成便祕。
花生粕	・可溶性蛋白質含量低。	・不可為單一蛋白質來源。 ・添加過多恐造成軟便。
亞麻仁粕	・離胺酸與甲硫胺酸較缺乏。	・具輕瀉性。
向日葵粕	－	・採食過多造成體脂過軟。
肉骨粉	・粗蛋白質含量 50% 以上。	・組成分含量變異大。 ・為避免狂牛症，不可用於反芻動物。
血粉	・粗蛋白質含量 80% 以上。 ・消化率與適口性皆不佳。	・為避免狂牛症，不可用於反芻動物。
羽毛粉	・粗蛋白質含量 80% 以上。 ・富含胱胺酸。	・適用於反芻動物。
魚粉	・含高量必需胺基酸。 ・鈣、磷含量高。	・加工方式影響品質優劣甚大。
尿素	・可為瘤胃微生物利用作氮源。	・一般用量為飼糧含量 2% 以下，且其所提供的氮含量不可超過飼糧全氮含量之 1/3。 ・用量過多或餵飼方式不當恐造成氨中毒。

▶表 3-4　各種能量來源飼料原料之特性與使用注意事項

項目	特性	注意事項
玉米	・纖維含量低。 ・富含澱粉且消化率高。	・用量高時需提高餵飼頻率，以減少消化擾亂。 ・加工方式會影響適口性與營養價值。
小麥	・粗蛋白含量較玉米高。 ・粗脂肪含量較玉米低，故能量含量較低。	・需經加工後餵飼，以免消化不良。 ・用量不宜超過 50%，以免造成酸中毒。 ・使用時最好與其他穀物或芻料混合均勻。
大麥	・其粗纖維含量為玉米者之兩倍。 ・其澱粉含量較玉米者低但分解快速。	・適用為反芻動物飼料。
燕麥	・澱粉含量較低。 ・粗纖維含量 10% 以上。	・具蓬鬆性。
高粱	・與玉米間有高替代性。 ・脂肪含量較玉米者低。	・需破碎其穀粒以助消化。
糖蜜	・熱能含量高，適口性佳。 ・可與不良乾草混合以提高乾草之適口性。	・具輕瀉性，用量為 5～10% 為宜。
油脂	・熱能含量極高。 ・富含必需脂肪酸。	・添加量過高會造成消化不良，且不利於飼料打粒。 ・用量以 2～5% 為宜。

（三）飼料添加物之使用

　　礙於成本考量，肉牛場極少使用飼料添加物。雖然如此，生長促進劑如乙型受體素，或俗稱瘦肉精者，添加於肉牛飼料中可以增加肉牛屠體之瘦肉比例。有些國家像美國，准許添加在肉牛飼料中的乙型受體素為萊克多巴胺 (Ractopamine)。目前農委會未准許臺灣肉牛使用萊克多巴胺，因此國產牛肉不得檢出萊克多巴胺。

習題

1. 目前臺灣常見之肉牛品種有哪些？

2. 臺灣准許申請輸入之肉牛品種有哪些？

3. 試述臺灣肉牛場之經營型態。

4. 試述建立肉牛場新牛群之方法。

5. 肉牛場之母牛群採季節性配種之優點為何？

6. 如何選拔種公牛？

7. 試述種公牛採取放牧飼養之優缺點。

8. 種公牛於配種期間與母牛之頭數比例為何？

9. 試述種公牛之繁殖管理。

10. 何謂架仔牛？其飼養目的為何？

11. 試述肥育牛之飼養管理。

12. 臺灣地區有哪些豐富之農業副產物可供肉牛利用？

13. 利用農業副產物須考量哪些要項？

14. 供肉牛使用之穀物有哪些？

15. 供肉牛使用之蛋白質補充料有哪些？

第四章　人工授精

一、人工授精之意義

　　人工授精係以人為方式，自公牛採取精液經檢驗稀釋、冷凍貯存、解凍處理後，注入母牛生殖道，可達到與自然配種同樣繁殖目的之方法。人工授精之成功要件取決於：精液品質、精液冷凍保存技術、母牛健康狀況及掌握母牛配種適期。

（一）人工授精之優點

1. 提高優秀種公牛之使用率，若以自然配種，每年頂多產生 40～50 頭後裔；如改為人工授精，則每年可產生 1 萬至 2 萬頭後裔。
2. 飼養公牛之費用與危險性極高，使用人工授精，即可減少成本且降低危險性。
3. 降低疾病發生風險與傳播，人工授精所用精液之篩檢極為嚴格，首先種公牛需符合多項健康篩檢，才可將其精液製為冷凍精液，故可降低遺傳疾病之傳播及牛隻接觸性傳染病之罹患率。
4. 種公牛之遺傳育種價能較早得知，且準確性較以自然配種者高。
5. 降低時間、空間距離等限制，無需考慮採精後至授精過程間的時間、空間障礙。
6. 選取優秀種公牛之精液，其子代通常乳量高、生長速率快、屠宰率高、肉品質佳，可提高獲益。

7.具優秀生產性狀遺傳率之公牛，即便是生理殘障者，仍可利用人工
　採精以繁殖後代。

8.避免母牛因公牛駕乘而受傷。

（二）人工授精之缺點

1.人工授精技術門檻高，操作人員需具備良好技巧與經驗，而人員培
　訓耗時。

2.需費心觀察母牛發情，掌握適當配種適期，牛隻發情通常於夜間，
　容易錯失觀察到發情現象，以致人工授精較易錯過配種適期。

3.若誤用不良或遺傳缺陷之公牛精液，因而產生眾多不良後裔，則造
　成巨大損失。

4.若不注意公牛之系譜管理，僅使用少數公牛精液配種，易造成牛群
　之近親程度增加，嚴重者將導致生產性能退化。

5.若精液篩檢不謹慎，則可能使疾病透過精液傳播散佈。

6.場內某些問題牛，不易經由人工授精懷孕。

二、人工授精器械之維護

　　除一次性用後即棄之器具外，所有接觸精液或牛體之器具，均需
經充分洗淨消毒。為防止疫病傳播，盡量採用一次性使用、用後即棄
之器具。

三、採精

　　採精方法有：假陰道法、電刺激法、按摩法與真陰道法。無法駕
乘之跛腳或缺乏性慾之公牛，可以電刺激法或按摩法採精，目前最常
用者為假陰道法，故予以較詳盡之說明。

　　於正式採精前，公牛需稍受訓練，可以發情母牛引誘公牛駕乘，但不給予交配機會。經 2～3 次受訓後，即可改以非發情母牛、假母臺或閹公牛替代發情母牛供其駕乘並採精。

　　假陰道須有適宜溫度、壓力及潤滑液，並附有刻度之試管以計算精液容量。假陰道夾層內水溫應維持 45～50 ℃，並適時吹入空氣，以增加壓力。採精時，須配合公牛節奏，左手握住包皮部分，當公牛向前衝擊的瞬間，導引生殖器向假陰道進入，即可採到精液。採精之技術必須熟練，以免發生危險。

　　採精時需注意：

1. 隨時注意人員自身安全，一旦發生突發狀況需能立即應對。
2. 採精時避免手部直接觸碰或握住公牛陰莖。
3. 收集精液時，假陰道需呈 45 度角。
4. 收集到之精液應避免陽光直射、溫度劇烈變化等。
5. 牛隻狀況、精液品質及精液量等，需做詳細紀錄。
6. 需注意採精頻率，頻率一旦增高則精蟲數減少，每週至多採精 2 天，每天採精 2 次為宜。

四、精液之稀釋

　　精液稀釋之目的為擴大容積、提供精子營養、增加可配種母牛頭數與製作冷凍精液。目前精液利用形式有兩種：新鮮液狀精液與冷凍精液。稀釋倍數為 1：10 至 1：40，內含有效精子數為 0.1～0.5 億，近年來，每一管冷凍精液精子數僅有數百萬，仍能確保優良的受精率。

（一）新鮮精液之稀釋

目前常用稀釋液為卵黃−檸檬酸鈉稀釋液，卵黃中含有葡萄糖，可抑制精液中果糖之分解，供給精子營養，避免精子休克。

製備方式為：

1. 以 2.9 公克檸檬酸鈉加 2 次蒸餾之蒸餾水，溶成 100 毫升。
2. 將無特定病原雞之雞蛋洗淨、消毒、乾燥，取出蛋黃。
3. 以蛋黃 20 毫升與檸檬酸鈉液 80 毫升混合即可。
4. 每毫升稀釋液可加入 1,000 IU 的青黴素及 1,000 微克之鏈黴素。

注意事項：

1. 稀釋液與精液皆須加溫至 35 ℃。
2. 先以 1 : 5 之比例預稀釋，其後再稀釋於所需比例。
3. 稀釋時須將稀釋液沿容器管壁緩慢倒入。
4. 稀釋完成後，須於 20 分鐘內將精液降溫至 5 ℃。
5. 精液保存時間為 5～7 日。

（二）冷凍精液

欲製成冷凍精液者，稀釋液內需加入 4.7% 甘油作為抗凍劑。由於該精液需存於液態氮中保存，因此降溫速度（如表 4-1）需注意，以免影響後續解凍後之精蟲活力。

▶表 4-1　冷凍精液製備之降溫速度

溫度	降溫速度
0 至 −20 ℃	每分鐘下降 3 ℃
−20 至 −50 ℃	每分鐘下降 3～5 ℃
−50 至 −79 ℃	急速下降
−79 至 −196 ℃	存於液態氮中保存

五、精液檢查

　　為確保精液品質良好無虞，每次採精後需進行精液檢查，判定精子濃度、精蟲數、精子活力與畸形率等。該檢查可依使用工具分為肉眼檢查與顯微鏡檢查。

（一）肉眼檢查

　　檢查項目包含精液量、顏色、雲湧現象與氣味。

　　年輕公牛之精液量約 2～5 毫升，隨年齡漸增至 6～18 毫升，平均量約 8 毫升。精液顏色為：白色或乳白色者正常；若呈琥珀色則可能含有尿液；若呈紅色或淡桃紅色則可能混入血液；若呈綠色則可能混入膿液。精子於精液中泳動時，會出現類似雲霧湧動之現象，即為雲湧現象，當精子濃度愈高、活力愈佳時，該現象愈明顯。

　　精液本身具特殊腥臭味，混入尿液者則具尿臭味，若保存不良或保存時間過長者，則具腐敗臭味。其 pH 值為 6.9～7.5。

（二）顯微鏡檢查

　　檢查項目包含精子之濃度、活力與畸形率。

　　可以計數法或比色法計算濃度，即將精液稀釋後，於顯微鏡下計算精蟲數，再回推出每毫升精液中所含之精蟲數目，精子濃度為每毫升 4～20 億，平均為 12 億。另可計算精子活力，一般以一至五級判定（表 4–2）。精子之畸形率則以頭帽損傷、精子是否斷尾或尾巴彎曲等判斷，精子之正常與異常形態示意見圖 4–1。

　　注意事項：

1. 精液稀釋時避免計算錯誤，造成錯誤之稀釋。

2. 注意環境與顯微鏡溫度，避免於檢查時因顯微鏡溫度過低影響精子活力，顯微鏡載物臺宜維持於 38 °C。

3. 避免使用酒精及消毒劑，以免造成精子死亡。

4. 精子活力須於三級以上才可使用。

5. 精子存活率須高於 70%，畸形率不可超過 20～30%。

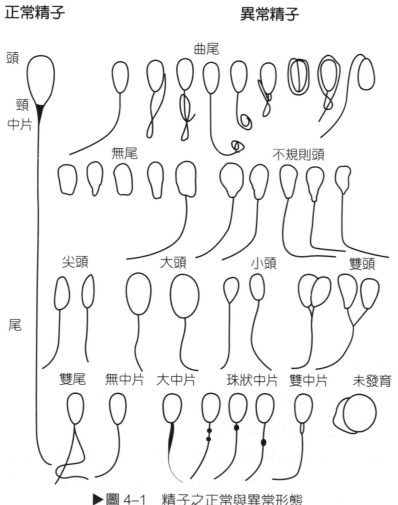

▶圖 4-1　精子之正常與異常形態

▶表4-2　精子活力判定級距

級距	表示符號	說明
第一級	━	精子完全靜止。
第二級	╪	精子僅於原處左右擺動或旋轉。
第三級	╫	精子緩慢運動。
第四級	╫╫	精子快速運動，大部分為直線運動。
第五級	╫╫╫	精子快速運動，大部分為環形運動，於視野內呈多重漩渦。

六、精液注入

　　牛之陰道長15～16公分，子宮頸長5～6公分，其內有3、4個環形皺褶，子宮體長約2.5公分，即是人工授精過程中精液注入之位置。精液注入之位置須正確，應於通過子宮頸口至子宮體之交會部位。切勿再往深部注入子宮角內，以免傷及子宮，影響受胎。

　　步驟如下：

1. 必須戴無菌塑膠手套，再進行操作。
2. 以衛生紙或紙巾擦拭母牛外陰部，避免注入器前端於通過外陰時受汙染。
3. 右手持精液注入器，以30度至45度角向上插入陰道內，越過尿道開口後即可使注入器水平進入，配合於直腸腸內左手之導引動作，使注入器到達子宮頸前開口處。
4. 以直腸內左手控制調整子宮頸口之角度位置，導引注入器進入子宮頸口。不可將注入器上下左右搖動，尋找子宮頸開口，以免造成生殖道受損。

5. 子宮頸內有3、4個環狀皺褶，當完全通過子宮頸皺褶，抵達子宮頸與子宮之交會處，即可將精液注入。

6. 精液注入後，可以略為按摩母牛之子宮頸與陰蒂部分，以刺激子宮頸收縮，防止子宮體內精液外流，以提高受胎率。

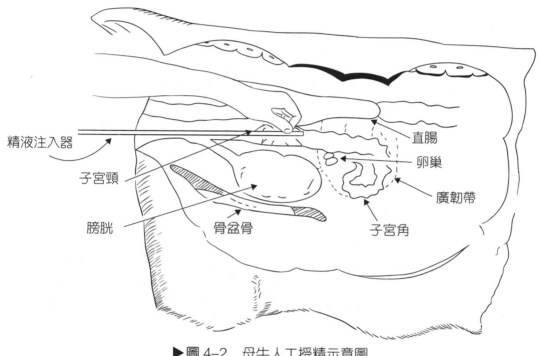

精液注入器

子宮頸

膀胱　　骨盆骨

直腸

卵巢

廣韌帶

子宮角

▶圖4-2　母牛人工授精示意圖

七、發情同期化

發情同期化之目的有：

1. 縮短牛群產犢季節，以便集中管理。
2. 減少人力觀察發情之成本花費。
3. 牛群健康計畫較易施行，如：方便統一進行疫苗注射、驅蟲。
4. 利於將相同狀態牛群作分群管理，以便調整飼糧配方。

同期化需使用荷爾蒙製劑產品，並搭配確實的配種時間，需負擔額外製劑之花費，一旦錯失配種時機，即需重來一次。發情同期化常用之荷爾蒙製劑與其作用方式列於表 4-3。

▶表 4-3　發情同期化常用荷爾蒙製劑與其作用方式

製劑種類	作用方式
前列腺素 (Postaglandins, $PGF_{2\alpha}$)	解除黃體。
助孕素（Progestines 或 Progesterone）	維持黃體，可埋植於耳下或塞植於陰道內 (CIDR)。
腦下垂體激素 (GnRH)	促進腦下垂體釋放 FSH 與 LH。

習題

1. 試述人工授精之意義。

2. 種公牛之採精其方法有哪些？

3. 操作種公牛之採精時需注意哪些事項？

4. 種公牛之精液顏色可用來判定哪些現象？

5. 試述公牛之精子活力判定級距。

6. 試述母牛做人工授精過程中，精液注入之位置。

7. 母牛群做發情同期化之目的為何？

8. 試述母牛群做發情同期化常用之荷爾蒙製劑與其作用方式。

實習一
乳牛群性能改良報表之瞭解與運用

一、學習目標

1.瞭解乳牛群性能改良之意義。
2.乳牛群性能改良報表之瞭解與運用。

二、說明

（一）瞭解乳牛群性能改良之意義

　　乳牛群產乳性能之優劣由許多因素決定，其中最主要的兩項即是牛隻的遺傳潛能與飼養者的飼養管理技術。乳牛群性能改良計畫即將乳牛之產乳性能紀錄，予以收集、保存與分析，供作牛隻產乳遺傳潛能優劣之檢定，與牛群飼養管理技術良莠之參考。

　　臺灣乳牛群性能改良計畫之執行，由酪農輔導員分赴參與計畫之酪農戶處，收集牛群管理紀錄、測定個別牛隻乳量與採集牛乳樣品，亦可由酪農或乳牛場自行為之，且將乳樣送至行政院農業委員會畜產試驗所新竹分所之牛乳檢驗室，分析其乳成份及體細胞數等項目，所得之資料傳回電腦資料處理中心予以整理。參與計畫之酪農需同時配合將其牛群發生之重要大事，如分娩、是否難產、發情、配種、疾病治療、淘汰等逐日一一記錄於表格內，酪農輔導員每月定期將此等資料轉換成代碼形式，送回電腦資料處理中心。以上之產乳資料與牛群紀錄經電腦處理後，按月提供參與計畫之酪農：其牛群之性能檢定月報表，如附件一所示；乳品質檢驗報表，如附件二所示。

1.性能檢定月報表

　　性能檢定月報表參見附件一，左上角之附表為有關參與乳牛群性能改良計畫牧場之酪農（含牧場代號與畜主姓名）、輔導員（含代號與姓名或自行採樣）、上次採樣、本次採樣之日期及採樣間距。

　　主表部份可分成 7 大項，自左至右依序為牛隻身份資料、前 9 個月及採樣當天之泌乳資料、分娩至採樣資料、全期平均、305-2X-ME 與同期比較資料、配種資料及注意事項。泌乳牛群每一頭牛隻之資料於附件一中占兩橫列，而以橫實線與相鄰牛隻之資料分開。

⑴牛隻身份：

　　有兩種編號，一為該場對其牛隻之場內編號，二為參與乳牛群性能改良計畫之統一編號。

⑵前 9 個月及採樣當天之泌乳資料：

　　這些資料可供飼養者瞭解各牛隻乳量及乳中體細胞數的變化，牛隻體細胞數增加則其乳量降低，此等變化可反映飼養管理是否正常。採樣當天乳量可供酪農瞭解牛群內各牛隻採樣當天之產乳量，作為餵飼牛隻精料量之參考，以達牛隻日糧可平衡其營養需要量。採樣當天之體細胞會轉換為分數呈現，一旦體細胞分數過高，即須留意潛在性乳房炎之發生，本報表會於注意事項欄內予以註明。

　　牛乳中之體細胞數來自乳腺組織脫落之上皮細胞及血液中之白血球。牛隻健康時，每一毫升牛乳之體細胞數含量在 50 萬個以下，其數目愈少牛隻之乳房愈健康。體細胞數在 50 萬個至 150 萬個之間者，稱為潛伏性乳房炎，此等牛隻之乳房雖不必立即治療，卻須做好以下之措施，如擠乳衛生、乳頭藥浴、擠乳機之低壓調整、牛舍之清潔衛生、牛隻乾乳期乳房注入長效性抗生素等。

⑶分娩至採樣資料：

　　本欄資料顯示牛群中每頭牛隻的胎次、月齡、分娩日期、分娩後至採樣當天之泌乳天數及累積乳量。

　　本欄資料所顯示之牛群生理階段需與乳品質檢驗報表相互比對，可更精準對牛群作出較佳判斷，因不同泌乳階段、胎次與月齡等因素均會對乳成分造成影響。

⑷全期平均：

　　乳脂率與乳價有關，因此飼養者對每頭牛之乳脂率應詳加瞭解。荷蘭牛之乳脂率範圍為 2.5～4.5%，其平均值為 3.6%。乳脂率低於 2.8% 以下之牛隻，本報表會於注意事項欄內予以註明，提醒飼養者注意該牛隻之過低乳脂率會影響乳價。

　　造成乳脂率過低之原因甚多，主要者有兩項，一為遺傳，二為飼養管理。產乳量高之牛隻通常其乳脂率低，若某牛之產乳量高，但其乳脂率始終偏低，則應選擇具有高正值之乳脂率遺傳傳遞能力 (PTAF%) 之冷凍精液，與之配種，以提高其後代之乳脂率。如果牛群內有多數牛隻其乳脂率均較前個月下降，則應懷疑為飼養管理不當所引起，如：芻料供應量不足、芻料過度之細切、畜舍通風散熱不佳、或牛隻處於泌乳前期等因素。

　　目前乳蛋白率雖與乳價無直接關係，但卻與牛乳之比重有關。荷蘭牛之乳蛋白率平均值為 3.44%，乳蛋白率低於 2.8% 以下之牛隻，本報表會於注意事項欄內予以註明，乳蛋白率低下同樣受到遺傳及飼養管理之影響，如：飼糧之營養分供應是否平衡、尤其是蛋白質之供應與能量供應間之配合是否適當、另還有畜舍通風散熱不佳、牛隻處於泌乳高峰或泌乳天數過長等因素。

⑸同場同期比較差：

　　由於牛群中各牛隻的分娩日期、泌乳天數與胎次皆不同，因此將每頭牛隻的乳量、乳脂量調整成以 305 天泌乳期、每日擠乳 2 次、達到體成熟

時的產乳量與乳脂量，以便各牛隻可在相同的標準上比較其產乳能力。

　　每頭牛的 305-2X-ME 校正乳量，與同場內同期間其他牛隻之校正乳量之平均值比較，所得的產乳量或乳脂量之差異值謂之同場同期比較差。該差異值如為愈大之正值，表示該母牛之泌乳性能遺傳能力愈好；反之，如為愈大之負值則愈差。

⑹配種資料：

　　本欄資料顯示每頭牛之配種日期、配種精液、預產期、配種次數、空胎日數等。空胎日數表示本胎次分娩後至配種配上為止之日數。

⑺注意事項：

　　本欄位將表內各牛隻之產乳性狀作一綜合性之判斷與建議，且以 A、B、C、D、E、F 等代號顯示，提供飼養者注意應如何處置各該牛隻。代號 A 表示該牛隻體細胞數偏高（分數 >6），請注意潛在性乳房炎。B 表示乳脂率偏低 (<2.8%)，請注意飼養管理。C 表示乳蛋白率偏低 (<2.8%)，請注意飼養管理。D 表示乳產量偏低 (<10 kg)，請注意。E 表示空胎日數過長（空胎日數大於 100 天），請注意妊檢。F 表示配種次數過多（配種次數大於 4 次），請注意配種。

2.乳品質檢驗報表

　　乳品質檢驗報表參見附件二，左上角為報告編號、資料年月、酪農戶（含牧場代號與畜主姓名）、輔導員（含代號與姓名或自行採樣）、檢驗方法及發行日期。

　　主表部份可分成 4 大項，自左至右依序為牛隻身份資料、乳量、乳成分及注意事項，主表最下方會顯示乳量及乳成分之統計資料、異常比例與當日乳量、體細胞數、乳脂率及無脂固形物率之統計分析。報告最末頁會附上詳細檢驗說明。

⑴牛隻身份：

　　有兩種編號，一為該場對其牛隻之場內編號，二為統一編號。

⑵乳量：

　　將單次測得之乳量利用矯正係數推估測乳日之整日乳量，統計分析將乳量分為 4 個級距，分別為：15 公斤以下、15～25 公斤、25～35 公斤與 35 公斤以上。

⑶乳成份：

　　本欄資料顯示牛群中每頭牛隻的乳脂率、蛋白質率、乳糖率、無脂固形物率、總固形物率、體細胞數、尿素氮、檸檬酸、P/F、酪蛋白、游離脂肪酸、飽和脂肪酸、不飽和脂肪酸、丙酮與 β-羥基丁酸。

　　荷蘭牛之乳脂率警示值為低於 2 或高於 6；娟姍牛為低於 2 或高於 7，統計分析將乳脂率分為 4 個級距，分別為：3% 以下、3%～3.5%、3.5%～4% 與 4% 以上。蛋白質率警示值為低於 2 或高於 5。無脂固形物警示值為低於 7 或高於 10，統計分析將無脂固形物分為 4 個級距，分別為：8.2% 以下、8.2%～8.7%、8.7%～9.2% 與 9.2% 以上。體細胞數警示值為高於 50 萬，統計分析將體細胞數分為 4 個級距，分別為：10 萬以下、10～30 萬、30～50 萬與 50 萬以上。尿素氮警示值為低於 11 或高於 17。檸檬酸警示值為低於 119 或高於 190。P/F 為蛋白質率除以乳脂率，其警示值為低於 0.85 或高於 0.88。游離脂肪酸警示值為高於 1.5。丙酮警示值為高於 0.15。β-羥基丁酸警示值為高於 0.1。

⑷注意事項：

　　本欄位將表內各牛隻之乳成分作一綜合性之判斷與建議，且以 A、B、C、D、E 等代號顯示，提供飼養者注意應如何處置各該牛隻。代號 A 表示該牛隻乳脂率偏低。B 表示乳脂率偏高。C 表示體細胞數偏高（50 萬 /ml 以上）。D 表示潛在性酮症風險高。E 表示游離脂肪酸偏高。

實習二
乳牛之體型評鑑

一、學習目標

1.熟習乳牛體型各部位之名稱。

2.熟習乳牛功能體型各性狀之意義。

二、說明

（一）乳牛體型各部位之名稱

如圖 1 所示為乳牛體型各部位之名稱。

1.學習方法

以圖示或實體介紹牛隻體型各部位之名稱，經反覆練習使學習者能準確說出牛體各部位之名稱，以及該部位所涵蓋之範圍。

2.評量方法

以圖 1 塗去各部位名稱，評量學習者辨認各部位之能力。或以牛隻實體現場指點各部位，而學習者均能正確說出其名稱。

（二）功能體型性狀

功能體型性狀 (Functional type traits) 即乳牛之體型結構中，與乳牛產乳能力與使用年限有關之性狀。功能體型性狀有 14 項，即體高 (Stature)、體軀強度 (Strength)、體深 (Body depth)、乳牛氣質 (Dairy form)、臀角度 (Rump angle)、臀寬度 (Rump width)、後腳彎曲度 (Rear legs side view)、蹄角度 (Foot angle)、前乳房銜接 (Fore udder attachment)、後乳房高度

(Rear udder height)、後乳房寬度 (Rear udder width)、乳房分隔 (Udder cleft)、乳房深度 (Udder depth)、前乳頭排列 (Front teat placement)、乳頭長度 (Teat length)。以上 14 個性狀可以線性體型評分法加以評分，其中之體高、蹄角度、後乳房高度、後乳房寬度、乳房深度等 5 項，可依其實測之度量值予以評分如下：

線性體型評分	5	15	25	45
體高（公分）	129	134	139	149
蹄角度（度）			45	
後乳房高度（公分）	36		27	18
後乳房寬度（公分）	8		14	20
乳房深度＊（公分）		0	6	18
＊ 以乳房位於飛節以上之高度表示。				

其餘之 10 項體型性狀，無法用度量之數值表示者，則依其傾向之程度，使用線性評分法予以如下之評分：

體型性狀	說　明	線性體型評分
體深	前腿應直，兩前腿間、兩後腿間之分隔間距夠寬，站立時四肢位置呈長方形謂之強，反之則弱。	弱–5–25–45–強
體軀強度	整個身軀之容積大小。以腹長深且廣、胸底寬、胸深為體深夠深；反之則為淺。	淺–5–25–45–深
乳牛氣質	主要根據肋骨擴張開展，大腿、鬐甲含應有之肌肉卻無贅肉，頸部皮膚富含細緻之皺紋謂之氣質強；反之則弱。	弱–5–25–45–強
臀角度	以髖骨端為準，坐骨端與之相對位置，正常時髖骨端略高於坐骨端，兩者之連線與水平線呈 15 度之夾角者為理想，評分為 25。坐骨端與髖骨端呈水平者，評分為 15。	高–5–25–45–低
臀寬度	左右兩髖骨端應寬，55 公分寬為平均值，評分為 25。	窄–5–25–45–寬
後腳彎曲度	後腳之前緣於飛節處呈一弧形彎曲，其曲度中等者評分 25。	直–5–25–45–彎
前乳房銜接	與腹底部接合面積寬且緊實謂之強；反之則弱。	弱–5–25–45–強

乳房分隔	自牛後視之乳房之左右分隔明顯，顯示分隔乳房之中韌帶強；反之則弱。	弱–5–25–45–強
前乳頭排列	四個分房之乳頭排列位置略呈前寬後窄之梯形，前二乳頭距離略寬於後二乳頭之排列，則評分 25。	寬–5–25–45–緊
乳頭長度	乳頭長度平均值為 6 公分。	短–2–25–45–長

　　乳牛用以上之線性評分法所得之分數，採用統計方法計算其平均值與標準偏差，再以個別牛之評分轉換成以距平均值若干個標準偏差為單位予以表示，而得如同附件四之結果。附件四下半部之表，即以 0 表示線性評分法所得各公牛之分數平均值，向左之 1、2 為其評分數低於平均值之標準偏差數，而向右之 1、2 為其評分數高於平均值之標準偏差數。根據此種資料，可供作選用何種公牛配種以改良母牛群之參考。

1. 學習方法

　　以圖示或實體介紹牛隻功能體型性狀之部位、意義與其評分，經反覆練習使學習者能正確指認各功能體型之部位。以數頭胎次相同或接近之泌乳牛供學習者辨認各功能體型性狀之優劣或強弱，以及練習就其強弱或優劣予以評分。

2. 評量方法

　　以圖 1 塗去各部位名稱，評量學習者辨認各部位之能力。或以牛隻實體現場指點各部位，而學習者均能正確說出其名稱。以數頭產次相同或接近之泌乳牛測定學習者辨認各功能體型性狀其評分之正確程度。

（三）體型最後分數

　　體型最後分數 (Type final score) 由以往一般外觀 (General appearance)、乳牛氣質 (Dairy character)、體軀深度 (Body depth) 與泌乳系統 (Mammary system)，其各占比 30、20、20 與 30%，更改為以下 5 項：

A.骨架 (Frame)—15%

臀部—長且寬，坐骨稍低於腰角，髖骨部位寬，且位於腰角骨與坐骨之中間。尾根部稍高起但在兩坐骨間很整潔。尾根不粗糙，陰戶近乎垂直。

體高—鬐甲部位及十字部的高度宜相等。

前軀—前肢直，分開寬且四方排列，肩胛及肘很強健，肩後很豐滿。

背線—很直且強。

腰—寬且強，近乎水平。

品種特徵—外觀優美，具活力，頭部具母性氣質，身體各部對稱且調和。

B.乳牛氣質—20%

肋骨—肋間距寬，肋骨扁平而寬，向下後方伸展。

鬐甲—尖且明顯。

頸—細長、清瘦與肩結合平滑，潔淨之喉部與肉垂。

皮膚—薄而鬆軟，被毛細且光亮。

C.體軀容量 (Body capacity)—10%

體軀—長、寬、深，肋骨向後方伸展突出良好，且脅部亦深。

胸圍—深且寬，肋骨張開，胸部與肩部結合良好。

D.腿蹄 (Feet and legs)—15%

蹄—蹄角度陡，短，蹄跟深，圓形的蹄趾。

後肢後觀—飛節部位以下垂直，兩後肢分開，四方站立。

側觀—飛節部位適度彎曲。

飛節—踝關節形狀整潔，不粗糙。

骨骼—平整，質地良好。

繫部—短，且強而有力。

E.乳房－40%

　　乳房深度－中等深並有足夠的容積，乳房底部在飛節之上，需考慮受胎
　　　　　　　次及年齡之影響。

　　乳頭排列－四方排列，垂直，從側面及後面觀察有適度的分開。

　　乳房分隔－中韌帶強顯示分隔明顯。

　　前乳房－堅實銜接，中等長，有足夠的容積。

　　乳頭大小－圓柱形狀，大小適中。

　　乳房平衡及資質－從側面看乳房底部水平，乳區平衡，資質鬆軟，擠乳
　　　　　　　　　後收縮良好。

　　將評定體型之最後分數加總後可區分為以下六級距：

級距	分數
最優 (Excellent)	90～100
優等 (Very good)	85～89
上等 (Good plus)	80～84
中等 (Good)	75～79
下等 (Fair)	65～74
劣等 (Poor)	50～64

1.學習方法

　　以圖示或實體介紹牛隻體型各部位、意義與其評分，經反覆練習使學
習者能正確指認各功能體型之部位。以數頭胎次相同或接近之泌乳牛供學
習者辨認各功能體型性狀之優劣或強弱，以及練習就其強弱或優劣予以評
分。

2.評量方法

　　搭配附件三以牛隻實體現場指點各部位並進行體型評鑑，而學習者均
能正確說出其名稱。以數頭產次相同或接近之泌乳牛測定學習者辨認各體
型部位其評分之正確程度。

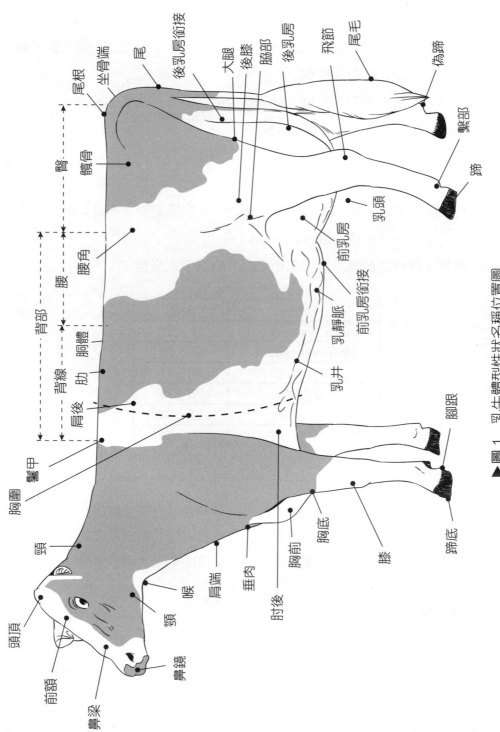

▲圖 1　乳牛體型性狀名稱位置圖

實習三
種公牛之選用

一、學習目標

1.練習判讀種公牛遺傳能力之資料。

2.練習根據種公牛之遺傳能力資料選用種公牛。

二、說明

（一）種公牛遺傳能力資料之判讀

　　如附件四所示為乳牛種公牛之資料，學習者應瞭解各項資料之涵義，才能根據此等資料挑選適合之種公牛精液，用以改良母牛群之產乳或體型之遺傳能力。請參附件四自左至右，從上而下依次介紹各項資料之涵義。

1.身分系譜欄位

第一行

EDG UNO RUSSIAN 1417-ET：該公牛之名。

TPI +2472：為體型與產乳量之綜合指數。指數為愈大之正值，表示以此公牛之精液配種所產生之女兒牛，其體型與產乳量同時獲得改進之程度愈大。

第二行

USA：該公牛之國籍。

72128206：該公牛之登錄編號。

100%RHA-NA ： 100% 荷蘭牛血統純度 (percentage Registered Holstein Ancestry, RHA)，NA 為北美。

TC TY TV TL：遺傳疾病檢測代碼。CL：瓜胺酸症 (Citrullinemia, CITR)。TC：沒有瓜胺酸症。BY：短脊椎綜合症 (Brachyspina)。TY：沒有短脊椎綜合症。BD：牛頭犬症 (Bulldog)。BL：淋巴球黏力缺失症 (Bovine Leukocyte Adhesion Deficiency, BLAD)。TL：沒有淋巴球黏力缺失症不良遺傳基因。CV：脊椎畸形複合症 (Complex Vertebral Malformation, CVM)。TV：沒有脊椎畸形複合症不良遺傳基因。DF：矮小症 (Dwarfism)。DP：單譜症 (Deficiency of Uridine Monophosphate Synthase, DUMPS)。TP：沒有單譜症不良遺傳基因。HL：無毛症 (Hairless)。IS：皮膚缺陷症 (Imperfect Skin)。MF：併蹄症（Mule foot 或 Syndactylism）。TM：沒有併蹄症基因。PC：Polled。PG：孕期過長 (Prolonged Gestation)。PT：坡菲林症（赤齒症、Pink tooth 或 Porphyria）。RC：紅毛花色 (Red haircolor)。B/R：白花與紅花色比。TR：無紅毛花色遺傳基因。

體型最後分數：本範例無。

01-23-13：本公牛之出生日期。

金牌公牛獎：本範例無。

獲獎日期：本範例無。

第三行

AMIGHETTI NUMERO UNO-ET：本公牛之父親牛之姓名。

+2318：父親牛之 TPI 值。

第四行

ITA：父親牛之國籍。

17990915143：父親牛之登錄編號。

100%RHA-NA：涵義同前。

TR TP TY TV：涵義同前。

GM：金牌公牛獎。

第五行

SANDY-VALLEY ROBUST RUBY-ET：本公牛之母親牛之姓名。

+2472：母親牛之 TPI 值。

第六行

USA：母親牛之國籍。

69998487：母親牛之登錄編號。

100%RHA-NA：涵義同前。

90：體型最後分數。

VEVEV：體型最後分數之級距，評鑑細節詳見實習二。

2.生產性能摘要欄位

第一行

% ： 對應生產性能之遺傳傳遞能力預期值 (Predicted transmitting ability, PTA)。

%R：對應生產性能之預測遺傳傳遞能力可靠性 (Reliability, %R)。

SIRE：對應生產性能之父親牛預測傳遞能力。

DAM：對應生產性能之母親牛預測傳遞能力。

DAU：對應生產性能之後裔女兒牛平均數。

GRP：對應生產性能之同伴牛群平均數。

第二行

Milk：乳量。

第三行

Fat：乳脂肪量。

第四行

Pro：乳蛋白質量。

第五行

04-2019：評估日期。

719 DAUS：後裔女兒牛頭數。

54 HERDS：後裔女兒牛群數。

27 %RIP ： 目前仍在測乳中之紀錄數百分比 (Percentage of records in progress, RIP)。

100 %US ： 在美國的後裔女兒牛頭數百分比 (Percentage of daughters in the USA, US)。

3. 附加遺傳資訊欄位

第一行

PL：使用年限 (Productive Life, PL)。

SCE：配種公牛之分娩難易度 (Service Sire Calving Ease, SCE)。

第二行

SCS：體細胞數分數 (Somatic cell count score, SCS)。

DCE：後裔女兒牛分娩難易度 (Daughter Sire Calving Ease, DCE)。

第三行

FE：飼料效率 (Feed efficiency, FE)。

NM$：淨值 (Net merit, NM)。

CM$：乳酪淨值 (Cheese merit, CM)。

FI：繁殖力指數 (Fertility index, FI)。

4.體型摘要欄位

第一行

%R：對應體型項目之預測遺傳傳遞能力可靠性。

SIRE：對應體型項目之父親牛預測傳遞能力。

DAM：對應體型項目之母親牛預測傳遞能力。

DAU SC ： 對應體型項目之後裔女兒牛體型最後分數平均值 (Final score, SC)。

AASC ： 對應體型項目之體成熟矯正分數平均值 (average age adjusted score, AASC)。

第二行

Type：體型。

第三行

UDC：乳房線性成分指數 (Linear composite index for udder, UDC)。

第四行

FLC：腿蹄線性成分指數 (Linearcomposite index forfeet and legs, FLC)。

BD：體積成分指數 (Body size, BD)。

D：體軀容積成分指數 (Dairy capacity, D)。

<u>第五行</u>

04-2019：評鑑日期。

74 DAUS：後裔女兒牛頭數。

19 HERDS：後裔女兒牛場數。

EFT D/H：有效後裔女兒牛頭數 (Effective Daughter per herd, EFT D/H)。

5. 畜主欄位

<u>第一行</u>

育種者姓名及所在州名稱。

<u>第二行</u>

擁有者，人工授精公司。

<u>第三行</u>

管理者，人工授精公司。

6. 國家動物育種場 (NAAB) 資訊欄位

<u>第一行</u>

精液供應狀況。

<u>第二行</u>

NAAB 編號。

<u>第三行</u>

RUSSIAN：公牛短名。

7. 性狀名稱欄位

8. 標準傳遞能力欄位

9. 性狀突出表現欄位

當某一性狀的標準傳遞能力測量值大於 0.85 時，以反白方式顯示。

10. 性狀描述欄位

各性狀之信賴區間，當性狀表現趨於極端會以 > 表示。

實習四
牛之人工授精

一、學習目標

1. 熟習精液之液態氮冷凍保存與取出解凍之方法。
2. 熟習解凍精液置入精液注入器之方法。
3. 熟習透過直腸壁以手固定子宮頸管之方法。
4. 熟習將精液注入器通過子宮頸皺褶伸入子宮腔內注入精液之方法。

二、說明

　　人工授精乃是一種使用精液注入器將精液置入母牛生殖道內之一種技術。人工授精能否使母牛受孕，與觀察、判定母牛發情是否正確，以及人工授精施術者之技術水準是否良好有極密切之關係。本實習即針對人工授精之操作技術予以介紹，學習者務必熟習整個操作過程之各步驟。任一步驟之疏失，均可能導致母牛受精失敗。切記在進行人工授精時，應先行將發情牛隻保定妥當，如此可保牛隻與施術者雙方之安全。

1.精液之液態氮冷凍保存與取出解凍之方法

　　種公牛之精液通常以麥管封裝、冷凍保存於液態氮桶中。液態氮桶之剖面結構如圖 2 所示。以液態氮冷凍貯存精液麥管時，麥管應常保沒入液態氮液面之下。

　　冷凍精液麥管之取出與解凍之步驟如下：

　(1)先備妥可裝溫水之解凍容器，水溫與解凍時間依冷凍精液廠商所建議者為準，一般使用 36～38 ℃ 溫水中 30 秒。

　(2)打開液態氮桶蓋與拔出圓形桶栓。

⑶精液罐掛鉤上通常貼上精液麥管之編號，如此可方便尋找所貯存精
　液之品種、來源、公牛編號等。

⑷找到所要之精液編號後，以一手將該精液所處之精液罐掛鉤拉起，
　使精液罐位於液態氮桶之頸口處，以另一手戴上絕緣手套持鑷子，
　將所要之精液麥管自麥管座拉出，檢視麥管上之編號確為所需要之
　精液無誤後，將麥管立即置入解凍容器內。

⑸一旦取出所要之麥管後，立即將精液罐歸回液態氮桶內原位。

⑹將液態氮桶之圓形桶栓栓妥，並蓋上液態氮桶蓋。

⑺將精液麥管放入解凍容器內約 30 秒後取出。

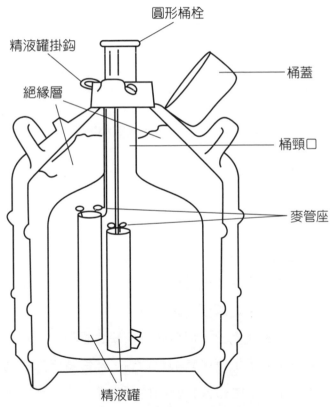

▶圖2　液態氮桶之剖面結構

2.精液麥管置入精液注入器之方法

(1)備妥已消毒乾淨之精液注入器（圖3）。

(2)於解凍容器內取出精液麥管後，以紙巾將麥管上之水拭乾，因水可殺死精子。

(3)將麥管尾端剪開，以剪開端朝前將麥管置入精液注入器之塑膠套管內（圖3），塑膠套管用後即棄。

(4)施術者將裝妥之精液注入器橫向以口啣住，以便空出雙手固定子宮頸管。

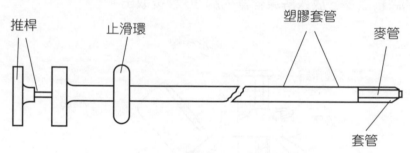

▶圖3　人工授精注入器構造圖

3.固定子宮頸管之方法

(1)施術者戴上用後即棄之長臂手套。

(2)施術者立於牛隻之體側後面，如無保定架保定，須防牛隻之側踢。以未戴手套之手將牛隻之尾巴舉起（圖4）。

(3)以戴上手套之手卷曲成一錐形手式，推擠入肛門，手繼續伸入直腸內約至手肘彎曲處之深度（圖5）。

(4)直腸內之手將糞便掏出，以免妨礙授精之操作。

(5)以直腸內之手向下探壓子宮頸之位置，然後將手形成拇指與其餘併攏之四指之手式，透過直腸壁刁住子宮頸。另一手以紙巾拭淨外陰周圍。

4.注入精液之方法

⑴精液注入器以 30 至 40 度角向上插入陰道內，當注入器先端伸入約
　達 15 公分後，將注入器回復成水平角度繼續深入。同時，以直腸
　內固定住子宮頸之手配合導引注入器接近子宮頸口。

⑵子宮頸內有 2 至 4 個螺旋狀皺褶（圖 6），以直腸內固定住子宮頸
　之手配合導引注入器通過子宮頸皺褶，當通過所有皺褶抵達子宮頸
　與子宮體交會處，才將注入器推桿緩緩推入，使精液注入子宮內。
　所有的這些操作均須溫和。

⑶緩緩拉出注入器，同時，以直腸內之手由陰道朝向子宮體之方向，
　溫和地按摩子宮頸，可促使精液流入子宮內而不逆流。將直腸內之
　手抽出。

⑷記錄母牛之身份編號及精液編號。

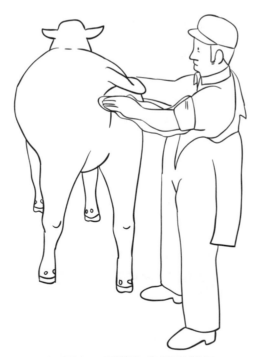

▶圖 4　手將牛隻尾巴舉起

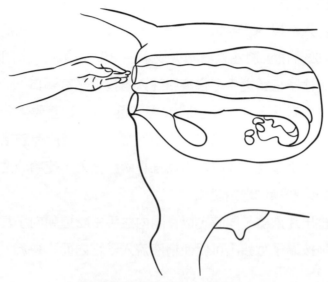

▶圖5　將手伸入直腸內

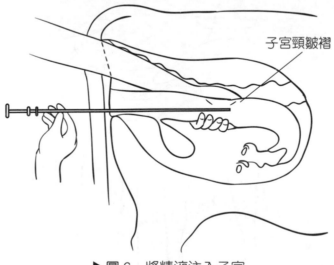

子宮頸皺褶

▶圖6　將精液注入子宮

實習五
仔牛之哺乳

一、學習目標

1.瞭解仔牛需要人工哺乳之原因。

2.瞭解仔牛人工哺乳之方法。

3.熟習仔牛人工哺乳之操作。

4.熟習仔牛人工哺乳之應注意事項。

二、說明

　　仔牛出生後，可立即移開仔牛，或待母牛舔乾仔牛被毛後將其分開。故需訓練仔牛從此自乳桶或乳嘴採食乳液。本實習介紹如何以較少緊迫的操作方法，教導仔牛接受人工哺乳的飼養方式。

1.仔牛實施人工哺乳之原因

　　⑴可減少母、仔牛間疾病之垂直感染機會。

　　⑵實施人工哺乳方能進行仔牛之集中飼養。而仔牛之集中飼養對乳牛場大規模化後，飼養管理效率之提升有其助益。

　　⑶實施人工哺乳，使得仔牛之生長發育狀態可以哺乳量來控制，不致於哺乳過量或不足。

　　⑷實施人工哺乳之仔牛較易進行離乳。

　　⑸實施人工哺乳可降低育成仔牛之飼養成本。

　　⑹實施人工哺乳所節省的母牛生乳可供出售，以增加乳牛場之收益。

2.仔牛人工哺乳之方法

　　人工哺乳之方法依哺乳所使用之器具可分為兩種，一為桶式，二為乳嘴式。桶式哺乳法與仔牛自然哺乳之習性不符，故需教導仔牛如何自桶中吸食，一旦仔牛習於桶式哺乳法，此法反而簡單易行。而乳嘴式哺乳法之哺乳工具為附乳嘴之桶或乳瓶。

　　⑴以一手持乳桶進入仔牛欄，將仔牛趕至畜舍角落。嘗試將乳嘴靠近仔牛之口。若仔牛不願吮乳，可以另一手令仔牛將口張開，將手指插入仔牛之口側，於口之上顎施加壓力，迫使仔牛將口張開，此時將乳嘴置入。若仔牛仍反抗，可將乳瓶或乳桶之乳液擠入乳嘴，令一些乳液流入仔牛口中，則仔牛會開始吮乳（圖7、圖8）。

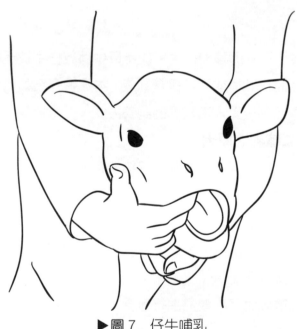

▶圖7　仔牛哺乳

▶圖 8　仔牛哺乳

⑵以乳桶式實施人工哺乳，需先將仔牛趕至牆角，令仔牛臀部緊抵牆
　角，哺乳者用兩腿騎夾仔牛頸部，以一手持乳桶，以清潔過之另一
　手之食指與中指，浸沾乳液置於仔牛口中，仔牛將自口側伸舌吸吮
　手指，乃將手指緩緩向下移，同時將乳桶慢慢向上提，逐漸誘使仔
　牛頭部向下伸入桶內，待其口觸及乳汁，讓仔牛繼續吸吮手指，至
　仔牛可透過指頭吸吮到乳液，方將指頭由仔牛口內抽出，如此即可
　使仔牛習得由桶內自行飲乳之技巧（圖 9）。

⑶乳桶、乳瓶與乳嘴等哺乳器具，使用後應即洗淨，乾燥後收存。

3. 教槽料之餵予

⑴人工哺乳後之片刻，仔牛仍有進食之慾望。此時置少量教槽料於掌心中，讓仔牛舐食，大多數之仔牛會開始採食教槽料（圖 10）。

⑵反覆以上之動作 2～3 次後，即可在仔牛欄內放置飼槽，令其自行學習採食教槽料（圖 11）。

4. 仔牛之人工哺乳應注意事項

⑴仔牛吮乳時，須將其鼻孔稍微抬高，以避免乳液誤吸入肺中，造成肺炎。

⑵對待仔牛之態度要溫和、有愛心。

⑶每頭仔牛之哺乳器具須專用，以防止仔牛間疾病之相互感染。

▶圖 9　以乳桶式實施人工哺乳

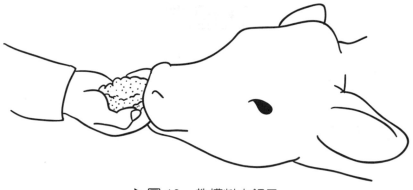

▶圖 10　教槽料之餵予

▶圖 11　教槽料之餵予

實習六

擠 乳

一、學習目標

1.瞭解擠乳之方法及操作。

2.熟習擠乳應注意事項。

二、說明

　　乳牛於泌乳期間經訓練而熟習擠乳程序，使乳牛易於管理，進而提升產乳量。

1.手擠乳之方法

　(1)於擠乳前將擠乳之器具準備妥當，且保持其清潔與乾燥。

　(2)擠乳前將牛隻保定或趕入繫留欄，注意不可鞭打牛隻或大聲驚擾牛隻（圖12）。

　(3)以 35～38 °C 之溫水清洗乳頭，再以紙巾擦乾，紙巾只能使用一次，用後即棄（圖13）。

　(4)初產之乳牛在第一次擠乳時經上述步驟後可能不發生下乳，可於3～5 分鐘後再嘗試一次。

　(5)擠乳者以食指與拇指圈緊乳頭上端，然後以其餘之指頭施壓，將乳液擠出，其次將食指與拇指鬆開，使乳頭腔再度充滿乳液，如圖14、圖15、圖16 所示。如此周而復始，將乳液擠完。

　(6)最初擠出 1、2 次乳為前乳要捨棄，且乳汁擠完時，乳房內不應殘留乳液，以免細菌在內繁殖。擠乳之過程為 7～10 分鐘。

　(7)擠完乳後，再將乳頭擦拭乾淨，以免乳頭餘留乳汁。

(8)所有盛乳器具使用之後 , 應隨即用清潔冷水把裡外刷洗潔淨並風
　　乾,且存放在固定之清潔場所。

2.機械擠乳之方法

(1)提供乳牛一較少緊迫之擠乳場所,因乳牛若被強迫或抗拒擠乳,將
　　減少產乳量。

(2)以 35～38 °C 溫水清洗按摩乳頭,並以紙巾拭乾,紙巾只能用一次
　　（圖 13 ）。

(3)擠乳前先將擠乳機器調裝妥當,若於按摩乳房後調整擠乳機,恐因
　　時間延遲而錯過下乳。

(4)以手擠出前乳將之捨棄。

(5)乳頭要套上乳杯時 , 握住乳杯將之稍往下拉 , 可防空氣進入 （圖
　　17 ）。

(6)擠乳期間平均約 6～8 分鐘。

(7)擠乳結束即取下乳杯 , 將擠乳機真空關閉 。 取下乳杯時動作須溫
　　和,且須注意不可讓過多空氣吸入真空系統,致使其低壓不穩定,
　　乳液衝回乳頭腔。

(8)擠乳後乳頭應以優碘等消毒劑藥浴,以防感染乳房炎（圖 18）。

(9)每次擠乳在擠完最後一頭牛後,擠乳機皆應洗淨並消毒。

3.擠乳應注意事項

(1)對待乳牛態度須溫和和安靜。

(2)每次擠乳之時間間隔應盡量一致。

(3)擠乳機械須隨時保持清潔,以避免導致乳房炎。

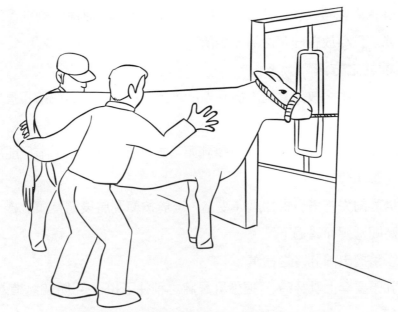

▶圖 12　擠乳前將牛隻保定或趕入繫留欄

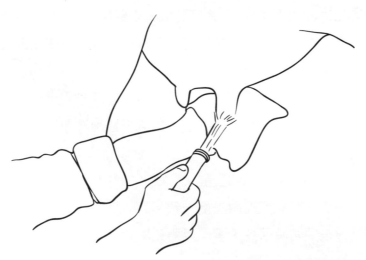

▶圖 13　以 35～38 °C 之溫水清洗乳頭，再以紙巾擦乾

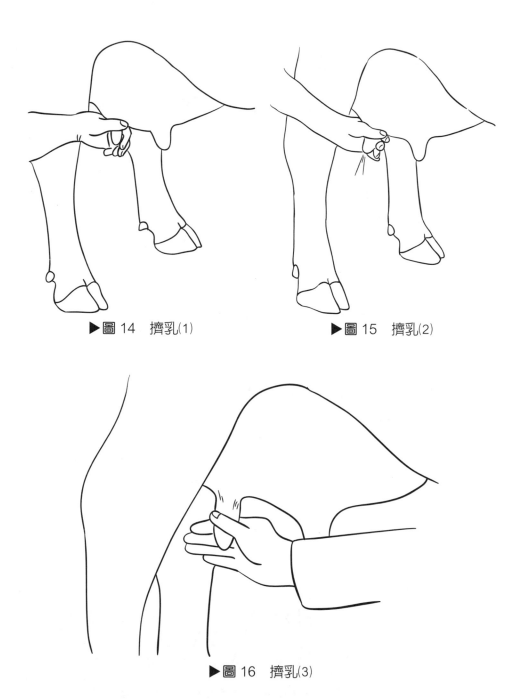

▶圖 14 擠乳(1)

▶圖 15 擠乳(2)

▶圖 16 擠乳(3)

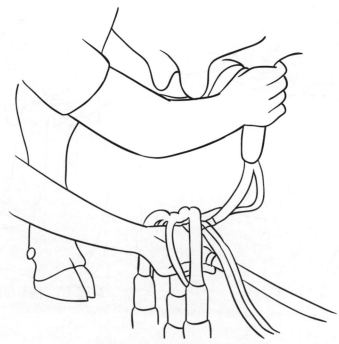

▶圖 17 乳頭套上乳杯時，握住乳杯將之稍往下拉，以防空氣進入

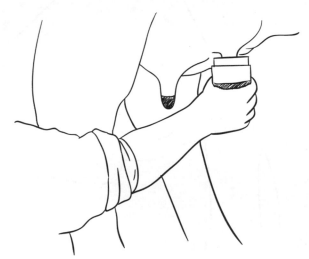

▶圖 18 擠乳後乳頭以優碘等消毒劑藥浴，以防感染乳房炎

實習七
乳房炎之診斷與治療

一、學習目標

1. 瞭解乳房炎之分類及其危害。
2. 乳房炎之診斷。
3. 乳房炎之治療。

二、說明

1. 乳房炎之分類

(1) 臨床性乳房炎 (clinical mastitis)

開始泌乳之 15 日內發病率為泌乳 15 日後之 4 倍。可以肉眼觀察到乳中出現塊狀、血絲片狀或水樣化現象；乳房出現腫脹及疼痛；乳量下降；牛隻活動力下降；沮喪或採食量下降等現象。

(2) 亞臨床性乳房炎 (subclinical mastitis)

外觀上無明顯可見之症狀，但以乳房炎診斷液可檢出，或從乳中體細胞數之增加可反映出已感染。

依乳房炎之感染時期分類，則：

A. 乾乳期乳房炎

為泌乳早期臨床性乳房炎之主要原因。如不採用抗生素處理，乳房炎之罹患率 8～12%，其中 3.8～35.1% 為新感染。乾乳前三週新感染比率為整個前一泌乳期感染率之 6 倍。此外，臨分娩前為第二高感染率階段。

B.泌乳期乳房炎

依乳房炎之嚴重程度而對產乳量、生乳品質有不同程度之不利影響。

2.乳房炎之病原菌

(1)傳染型

泌乳牛乳房炎之主要病原菌為無乳鏈球菌 (Streptococcus agalactiae)、金色葡萄球菌 (Staphylococcus aureus)。控制傳染型乳房炎之方法為乾乳、抗生素治療。

(2)環境型

乾乳牛乳房炎之主要病原菌有鏈球菌 (Streptococci)、大腸菌 (Coliforms)。本型乳房炎甚難控制，惟有保持乾淨、衛生之環境，以減少罹患。

3.影響感染乾乳期乳房炎比率之因素

(1)乳頭末端之細菌數。

(2)乳管腺分泌物所具有之保護能力。

(3)乳腺之抗病機構。

4.乾乳牛乳房炎之控制方法

針對乾乳之早期與末期進行。

(1)泌乳期結束時施用抗生素治療。可減少 70～98% 之乳房炎罹患率及 50～75% 之新感染率。

(2)要採用全面性或選擇性治療感染牛隻，則為仁智之見。

（一）乳房炎之診斷與防治

1.乳房之臨床檢查

擠乳後行乳房之觸診。依乳房紅、腫、熱、痛，及乳汁帶膿、血、凝固物之程度分為急性、臨床性、慢性等。若乳房無異狀，但乳汁檢查發現異常則區分為潛在性、非細菌性、非臨床性乳房炎。

2.乳汁之檢查

⑴物理化學檢查

pH 測定：正常乳之 pH 6.4～6.6，乳房炎時偏高。

pH 之測定有 BTB、BCP 與 pH meter 等方法。

正式擠乳前，以手擠出之乳謂之前乳。以前乳為乳樣測定之。

BTB 液試劑

以 Bromothymol blue 0.5 g 溶於 100.0 ml 之 10% 酒精。測定時每一毫升之乳樣加入一滴之 BTB 液。

鹼性 BTB 液試劑之配製：Bromothymol blue 1.0 g 加 0.01N NaOH 160.0 ml（或 5% NaOH 1.28 ml），再加蒸餾水 750.0 ml。測定時每 5 ml 乳樣加 1 ml 鹼性 BTB 液試劑。

BCP 試劑之配製：Bromocresol purple 1.0 g 加蒸餾水 300 ml。測定時每 15 ml 乳樣加 1 ml BCP 試劑。

⑵乳汁氯離子濃度因乳房炎而增加

正常牛乳含 0.08～0.14% 之氯 (g%)。

牛乳中氯之測定法──Rose II 氏法

A. 100 ml 乳樣加 40 ml 蒸餾水加 8～10 滴 10% K_2CrO_4。

B. 以滴定管將 0.1N $AgNO_3$ 緩慢滴下且邊混合，如乳樣剛由黃色轉成紅色為達滴定之終點。

在達滴定終點之前，乳中之氯離子與 $AgNO_3$ 之銀離子結合成 AgCl，乳樣呈現 K_2CrO_4 之黃色。達滴定終點後，過量之 $AgNO_3$ 因無氯離子與之中和，與 K_2CrO_4 作用形成 $AgCrO_4$ 而使乳樣呈現紅褐色。

C. 0.1N $AgNO_3$ 之用量乘以 0.335 即為每 100 ml 牛乳中之氯含量克數。

泌乳期開始之擠乳次別	牛乳之氯含量 (g%)
第一次	0.247
第二次	0.232
第三次	0.197
第四次	0.178
第五次	0.175
第六次	0.156
泌乳期日別	
5	0.145
10	0.125
15	0.128
20	0.129
25	0.131
30	0.131
泌乳期月別	
1	0.105
2	0.106
3	0.112
4	0.117
5	0.119
6	0.127
7	0.134
8	0.142
9	0.135
10	0.157
11	0.179

⑶檢視前乳

以黑紗布過濾前乳，如檢出凝塊物則為乳房炎現象。另外，現場採用檢乳杯 (Strip cup) 檢查有無凝乳發生。該杯由兩層構成，上層為一黑色淺皿，下層為杯狀。黑色淺皿恰可套入下層杯內，其底邊有 1 公分大之開

口，所擠前乳流經淺皿（圖 19），如有絮狀物則留於皿內，易判出該乳為乳房炎乳，液狀乳最終皆流入下層杯內，不致於汙染擠乳區。

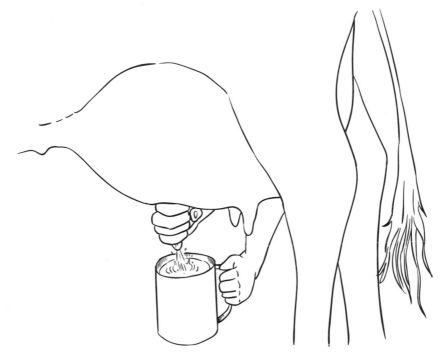

▶圖 19　使用檢乳杯 (Strip cup) 檢視擠出之前乳以判出患乳房炎之牛隻

3. 牛乳中之體細胞數

　　正常牛乳中之體細胞為來自上皮組織之單核細胞，如有多核細胞出現則為異常狀態。牛乳中之細胞數很容易受生理條件之影響而作大幅之變化。初乳中，細胞破片或脂肪附著於細胞上而呈初乳微粒，乃常見之現象。臨乾乳時，上皮細胞脫落，故含細胞數多。正常乳汁中通常含有細胞，主要為多核白血球、淋巴球、上皮細胞，含量為每毫升 5～30 萬個。

⑴泌乳期第二週以後至七個月間正常牛乳之體細胞數

每毫升牛乳之細胞數	占測試乳樣之百分率
0～100,000	76.52
100,001～250,000	13.76
250,001～500,000	6.23
500,001～1,000,000	2.31
1,000,001 ↑	1.51

⑵體細胞數 (Somatic cell count, SCC) 資料之利用

體細胞級數	千個體細胞/ml 牛乳	估計損失乳量，公斤／日／頭	備　註
1	12.5	－	體細胞數倍增一次，產乳量減少 0.681 公斤。體細胞級數增加二級，即體細胞數倍增兩次，產乳量減 1.362 公斤。
2	25	－	
3	50	－	
4	100	0.681	
6	400	0.681	
7	800	0.681	
8	1,600	0.681	
9	3,200	0.681	
10	6,400	0.681	

4.牛乳中體細胞數之直接鏡檢法

⑴以 0.01 ml 之乳樣在 1 平方公分之玻片上均勻塗抹，以油鏡頭計體細胞數。

⑵視野面積乃視野半徑之平方乘以 3.1416。

以視野直徑 0.16 mm 為例，視野面積為 0.0002 平方公分，即 1/5,000 平方公分。每 1 ml 牛乳之視野內細胞數為 1/5,000 × 1/100 = 1/500,000 ml。以 100 個視野內細胞數即能代表全部視野逢機分佈之細胞數。如檢視 100 個以下之視野，則需乘以係數。

視野數	係數	每毫升牛乳之細胞數
1	× 500,000	500,000
10	× 50,000	500,000
25	× 20,000	500,000
50	× 10,000	500,000
100	× 5,000	500,000

　　牛乳之檢查常以檢視 25 個視野之細胞數為準。牛乳抹片在乾燥時，1 平方公分之範圍，邊緣部份與中心部份細胞之分佈不均勻，中心部份之細胞數約為邊緣部份之 1.5～1.7 倍， 故鏡檢之視野需 60% 為邊緣部份者、40% 為中心部份者方能具代表性。牛乳抹片塗抹後需經脫脂、固定、染色才能鏡檢。

　(3)牛乳抹片之染色法。

A.紐曼－蘭伯一次浸漬法 (Newman-Lampert single dip process)

　　脫脂、固定、染色一次完成。

　　缺點：牛乳固形物、白血球、細菌均成藍色，無差別染色之效果。

　　染液：

Methylene blue	1.0 g
Ethylalcohol	54.0 ml
Tetrachloroethane	40.0 ml
Glacial acetic acid	6.0 ml (g)

B.三次浸漬法 (Broadhurst-Paley triple step process)

　　脫脂、固定、染色分別行之，牛乳固形物成淡紅，單核細胞成深藍色，細菌為深藍至淡藍色。多核白血球呈淡藍色，因此可差別染色，惟染色時間不足， 則多核白血球往往無法染色 。 故對染色時間之掌握甚為重要。

染色液之調製：

(1) Methylene blue 1.5 g 溶於加熱之 70% Ethylalcohol 200 ml。

(2) 10% Fuchsin 15 ml。 以 95% Ethylalcohol 100 ml 溶解 Fuchsin 10.0 g 調製之。

(3) Aniline 5 ml。

(4) 稀硫酸 12 ml。以濃硫酸 5.7 ml 加蒸餾水 90 ml 成 100 ml 調製之。

以上諸液製妥後，以(2)加入(1)，加入(3)充分混合，再加入(4)充分混合，經加熱過濾，取濾液 100 ml 加入 50 ml 熱蒸餾水充分混合。

5. 牛乳中體細胞數之簡易判定法

白邊檢定與 CMT 檢定均利用相同之原理，即利用細胞 DNA 之凝集程度以得知細胞數或細菌數之多寡，與直接鏡檢所得之結果相關甚高。

(1) 白邊檢定 (Whiteside Test)

於 1939 年白邊氏 (Whiteside) 首先記錄其法。剛擠下之牛乳以 5：2 （1N NaOH，即 4% NaOH）之容積比混合，以玻棒連續攪拌 20 至 30 秒。冷卻之牛乳以 5：1（1N NaOH，即 4% NaOH）之容積比混合，以玻棒連續攪拌 20 至 30 秒。

白邊檢定之牛乳變化及判定如下：

判定	牛乳之變化	細胞數
−	牛乳保持原樣	20 萬以下
+	細微之凝膠	20～100 萬
++	絮狀之凝膠	25～500 萬
+++	明顯之凝膠	100～750 萬
++++	極明顯之凝乳	100～1,000 萬

(2) 加州乳房炎檢定 (California Mastitis Test, CMT)

檢乳與 CMT 試劑以 1：1 之容積比混合。

　　CMT 檢定牛乳之變化與判定如下：

判定符號	判定名稱	牛乳之變化	每毫升之細胞數
−	陰性	無變化	0〜20 萬，其中 0〜25% 為多核球
±	擬陽性	略呈濃厚立即又回復原狀	15〜55 萬，其中 30〜40% 為多核球
+	弱陽性	呈濃厚黏稠但非膠狀	140〜150 萬，其中 40〜60% 為多核球
++	陽性	明顯膠狀	80〜500 萬，其中 60〜70% 為多核球
+++	強陽性	呈整體之凝膠狀	500 萬以上，70〜80% 為多核球

　　體細胞數每倍增一次，每頭泌乳牛每日之產乳量減少 0.681 公斤。體細胞數增加導致產乳量減少之影響程度，亦受年齡之影響。於第一產乳期，體細胞數每倍增一次，每頭每日產乳量減少 0.363 公斤，第二及以後之產乳期，體細胞數每倍增一次，每頭每日產乳量減少 0.726 公斤。第一產乳期，應有 75% 之母牛體細胞級數為 4 以下；第二及以後之產乳期，則應有 60% 之母牛體細胞數為 4 以下。

　　欲使乳牛群之產乳量達最佳狀態，則大部份之牛隻體細胞級數應在 5 以內。牛群管理之目標為改善產乳之體細胞數含量，使每年能降低一半，亦即體細胞數級數降低一級，直至體細胞級數為 4 以下，或體細胞數能達 20 萬 /ml 以下。

　　牛隻之體細胞級數降至 4 以下時，可將管理之重點由乳房炎轉至其他管理上之問題。雖然如此，如繼續努力降低乳中體細胞數仍能改善泌乳量。乳中體細胞級數雖在 4 以下，體細胞數每倍增一次，乳量仍然持續降低。夏季炎熱潮溼易使牛隻體細胞數增加。改善飼養方法與降低乳中體細胞數仍然是提高乳牛泌乳量之要務。

6.擠乳之順序

(1)健康牛。

(2) CMT 陽性牛，但無乳房炎病原菌者。

(3) CMT 陰性牛，但有乳房炎病原菌者。

(4)輕度乳房炎牛，即判定為「+」者。

(5)重乳房炎患牛，即判定為「++」、「+++」、「++++」者。

(6)急性乳房炎牛。

7.乳房炎之治療

(1)須經詳細之診斷。

(2)如經細菌學檢查及抗生素抵抗性試驗，則可選用最有效之藥劑。

(3)治療時用藥之劑量務必要足夠。

(4)未作細菌學檢查者以廣效性抗生素，觀察其療效再作定奪。

(5)乳房炎之病原菌主要為球菌，且大多引發慢性之乳房炎，故抗生素療效之觀察務必確實。

(6)連續 3 天之治療後，經 1～2 天之停藥，再經 3 天之治療。乳房炎牛之每日擠乳次數愈多（可促進病原菌之排除）愈能早日痊癒。

(7)除急性或惡性之乳房炎外，牛隻無需全身性治療。

(8)治療同時務必講求牛隻與環境之清潔、消毒。

(9)乳房注入抗生素軟膏之操作參見彩圖 13。

實習八
牛隻標識——冷凍烙印法

冷凍烙印法之優點

1.牛隻較無痛楚。

2.牛皮損傷較小。

3.烙印字記清晰易辨。

一、學習目標

以最少之痛楚與傷害完成牛隻之永久性識別標記。

二、說明

1.材料與器械

⑴冷媒（甲、乙均可）。

甲：乾冰置於 95% 之甲醇、乙醇或異丙醇中。

乙：液態氮。

⑵盛裝冷媒之絕熱容器。

⑶銅製或銅合金製之烙鐵，烙鐵字模表面成圓形，字模大小依牛隻年齡而定，6 月齡以下仔牛用 2 吋字模，6 至 12 月齡用 3 吋，1 歲齡以上用 4 吋。

⑷護目鏡及手套保護手、眼以防乾冰或液態氮之傷害。

⑸剃刀或剪毛機。

⑹酒精洗瓶。

⑺固定架或其他保定裝置。

⑻整理被毛之刷子。

2.液態氮烙印法之步驟

⑴液態氮以絕熱良好之容器盛裝，容器開口之大小適足供烙鐵進出即可。液態氮之量應能隨時保持淹沒烙鐵頭之程度。

⑵烙鐵置入液態氮桶內時應謹慎，以防液態氮沸騰而濺出。如同乾冰法者，液態氮之劇烈沸騰，需至烙鐵溫度與液態氮者一致方能停止。而此時烙鐵方能使用，烙印步驟如下：

   A.烙印步驟如同乾冰加醇法。

   B.選擇適當之烙印部位並剃除烙印處之粗毛，毫毛無需剃除。餘留之毫毛有保護表皮及毛囊免受過凍之傷害。

   C.以下為各年齡牛隻之液氮凍烙所需時間：

年　齡	乳牛烙印時間	肉牛烙印時間
6～9 月齡	10 秒	15 秒
10～12 月齡	12 秒	17 秒
13～18 月齡	15 秒	20 秒
18 月齡以上	20 秒	25 秒

⑶液態氮烙印法之優點：

   A.大多數地區取得液態氮較乾冰容易。

   B.此法使用較方便且容易進行。

   C.烙鐵在數秒內即能重新冷凍而供烙印。

   D.烙印處無需使用特製的剪刀，即能剃毛。

   E.比乾冰法所需烙印的時間短。

   F.烙印處自烙印後至長出白毛期間，烙印數字清晰可辨。

⑷液態氮烙印法之缺點：

　　A.烙印時間超過前述之推薦時間長度，則皮膚與毛囊易受凍害。

　　B.冷凍烙印用之液態氮容器甚昂貴。

　　C.有些地區液態氮甚昂貴。

　　D.使用若不小心，液態氮易致危險。

3.不剃毛液態氮烙印法之步驟

⑴如同前述剃毛液態氮烙印法之 A 與 B 步驟。

⑵其餘步驟如下：

　　A.選擇烙印部位，盡可能刷除被毛上之脫落毛髮、汙物、皮屑等。

　　B.烙印處以酒精充分的擦拭，使酒精浸滲入毛髮達表皮，方可使用
　　　烙鐵，每一數字烙印時，均應重複擦拭酒精。

　　C.烙印時對烙鐵施予之壓力應比剃毛法大，以確保冷凍力能有效地
　　　透過毛髮、表皮，且施壓持續時間必須足夠。

　　D.推薦之烙印持續時間如下：

年　齡	乳牛烙印持續時間
2～3 月齡	15 秒
4～6 月齡	20 秒
7～12 月齡	25 秒
12 月齡以上	30 秒

＊1 月齡以下仔牛不推薦使用此法。此法用於肉牛之烙印時間尚未建立。

　　E.白色牛隻需延長烙印持續時間 15～20 秒以形成光禿之印記。

⑶不剃毛液態氮烙印法之優點：

　　A.烙印前無需剃毛。

　　B.烙印處長出之白毛更明顯、印記更清晰可辨。

　　C.烙印持續時間縱使超過推薦時間亦不致於產生如剃毛烙印法者
　　　之損傷。

⑷不剃毛液態氮烙印法之缺點：

　A.烙印持續時間比剃毛法長一倍以上，換言之，每日烙印牛隻頭數減少一半以上。

　B.比剃毛凍烙法在烙印之前需多用一次酒精浸潤烙印處。

　C.烙印之字記需待 6～8 週後白髮長出方能辨認。

　D.烙印時需施大力壓烙鐵，長期間操作烙印工作對施術者為一大體力負荷。

5.冷凍烙印後之皮膚變化過程

⑴烙印之字記處皮膚凍結、凹陷。

⑵烙印 2～3 分鐘後皮膚解凍。

⑶烙印處皮膚發紅、水腫。

⑷依烙印冷凍持續時間之長短，水腫之持續時間自 24～48 小時。

⑸當紅腫消退，烙印處呈乾皺狀。

⑹烙印處結痂持續 3～4 週。

⑺痂皮脫落時一些毛髮、皮膚隨之脫落。

⑻依施烙印時之季節而異，烙印處之白色毛髮在烙印後 6～10 週長出。

⑼白色毛髮長出前烙印字記清晰可辨。

第貳部分

鹿

第五章　緒　論

　　鹿是優雅俊逸的動物，在分類學上自成一科，共有 40 餘種，分屬於 17 個屬。

　　鹿是偶蹄類反芻獸，無上門齒，上犬齒有或無，但在無鹿角之鹿種，其雄性之上犬齒發達。下犬齒形態像門齒。齒式為 $2(\frac{0}{3}, \frac{0-1}{1}, \frac{3}{3}, \frac{3}{3})$=32 或 34。鹿科動物之肝臟無膽囊，是特徵之一，但麝具有膽囊。

　　鹿角是鹿科動物的重要特徵，也是雄性的性徵。除了麝與中國水鹿（牙獐）雌雄皆無角，與馴鹿雌雄皆有角以外，其餘鹿種僅有雄性才有鹿角。

　　鹿角自額骨頂的骨質突出物（稱為角座）生長出來，左右十分對稱。鹿角剛長出時，形狀像瘤，組織柔軟，外皮帶有細而密的茸毛。隨著鹿角逐漸生長，其內部就逐漸從基部往頂部骨化，到了鹿角生長完成時，整枝鹿角也已完全骨化，此時外皮就逐漸乾涸，並逐漸脫落，而暴露出骨質硬角。硬角即維持到配種季節後不久或翌年春天（視鹿種而定），然後自行脫落，並在春天重新生長鹿角，如此周而復始，形成鹿角週期。硬角是實質的骨質構造，不同於牛科動物的中空洞角，茸毛未脫落前的鹿角，就是名貴中藥材——鹿茸，是臺灣養鹿業最主要的產品。

　　除了鹿茸以外，鹿隻的鹿角、鹿鞭（睪丸及陰莖）、鹿肉、鹿肚草……等部位也都可以作為中藥，有些也有其他有價值的用途，因此，若說「鹿的全身都是寶」也不為過。

第六章　鹿種與其特性

　　鹿之科學分類系統如下：

界 (Kingdom)：動物 (Animal)

　門 (Phylum)：脊索動物 (Chordata)

　　亞門 (Subphylum)：脊椎動物 (Vertebrata)

　　　綱 (Class)：哺乳動物 (Mammalia)

　　　　目 (Order)：偶蹄類 (Antiodactyla)

　　　　　亞目 (Suborder)：反芻獸 (Ruminantia)

　　　　　　科 (Family)：鹿科 (Cervidae)

　　　　　　　亞科 (Subfamily)：有 4 個亞科

　　　　　　　　屬 (Genus)：共有 17 個屬

　　　　　　　　　種 (Species)：約 40 餘種

　　鹿科中之各亞科、各屬與各屬之代表種如下所述：

Moschinae 亞科只有麝 1 屬 (*Moschus*)，此屬含有 *M. moschiferus*（麝；Muskdeer）1 種。

Muntiacinae 亞科含有 2 屬：

　　⑴ *Muntiacus*：如 *M. reevesi*（中國麂；Reeves' muntjac）

　　⑵ *Elaphodus*：如 *E. cephalophus*（西藏麂；West China Tufted deer）

Cervinae 亞科有 4 屬：

　　⑴ *Dama*：如 *D. dama*（黇鹿；Fallow deer）

⑵ *Elaphurus*：僅 1 種 *E. davidianus*（麈；Père David's deer）

⑶ *Axis*：如 *A. axis*（樞軸鹿；Axis deer）

⑷ *Cervus*：如 *C. elaphus*（紅鹿；Red deer）；*C. canadensis*（美洲麋；Wapiti 或 American elk）；*C. nippon*（梅花鹿；Sika deer）；*C. unicolor*（水鹿；Sambar deer）

Odocoileinae 亞科有 10 屬：

⑴ *Odocoileus*：如 *O. virginianus*（白尾鹿；White-tailed deer）

⑵ *Ozotoceras*：如 *O. bezoarticus*（澎巴鹿；Pampas deer）

⑶ *Blastocerus*：如 *B. dichotomus*（南美沼澤鹿；S. Amer. Marsh deer）

⑷ *Hippocamelus*：如 *H. antisensis*（安地鹿；Andean deer）

⑸ *Mazama*：如 *M. simplicicornis*（灰色短角鹿；Brown Brocket）

⑹ *Pudu*：如 *Pudu pudu*（智利普刁鹿；Chilean Pudu）

⑺ *Capreolus*：如 *C. capreolus*（麖鹿；Roe deer）

⑻ *Hydropotes*：如 *H. inermis*（牙獐；Chinese water deer）

⑼ *Rangifer*：如 *R. tarandus*（馴鹿；Reindeer）

⑽ *Alces*：如 *A. alces*（歐洲麋；European elk）

由以上可知，鹿隻種類繁多，因此不能一一介紹。本文僅介紹若干種臺灣地區飼養較多與在動物園較常見之鹿種。

一、花鹿 （如彩圖 14 所示）

花鹿又叫梅花鹿，英文名為 sika deer，學名為 *Cervus nippon*，分佈於亞洲東部，北自西伯利亞，南至越南。共有 13 個亞種，在臺灣的亞種稱為臺灣梅花鹿 (Formosan sika deer; *C. n. taiouanus*)。臺灣梅花鹿的原棲息地，是在臺灣地區海拔 300 公尺以下的開闊地。據調查，臺灣梅花鹿已於 1969 年絕跡於野外。

臺灣梅花鹿成熟體重，牡鹿約 70～80 公斤，牝鹿約 40 餘公斤。夏季體色為棕褐色，後頸稍帶赤色，背部正中線呈黑色帶紋，兩側各有白色小圓斑約 20 個，排成較規則的二條縱列平行線，其餘小白斑則不規則地散佈。腹部、四肢內側及尾巴腹側呈白色。體色在冬季時變成深褐色，白斑變模糊或完全消失，成熟牡鹿並在頸部出現鬃毛。仔鹿出生時即有斑點。典型的鹿角每邊具有四尖。

二、水鹿 （如彩圖 15 所示）

水鹿英文名為 sambar deer，學名為 *Cervus unicolor*。

水鹿分佈於印度半島（從喜馬拉雅到斯里蘭卡）與東南亞及鄰近島嶼。臺灣的水鹿則原棲息於臺灣中央山脈海拔 300 公尺到 3,500 公尺的山林，尤其是在海拔 1,500 到 2,500 公尺。

臺灣水鹿毛色冬季為深赭褐。鼻與吻呈黑色，下顎中央為白色，四肢內側及腹部的顏色較淡，尾端有較長的叢毛。夏季皮毛變疏、變淡，體色呈黃褐色；然而，水鹿的換毛很不明顯。水鹿的眶下腺發達，在情緒激動時張開。牡鹿成熟體重約 150 公斤，牝鹿稍小，體重可達 110 公斤。典型鹿角每邊三尖。鹿角脫落時間較分散，約自 12 月至 4 月，幾乎整年均可配種，但以在秋季配種較多。仔鹿出生時不具斑點。

三、麂

　　麂又叫山羌、羌仔或麂子，英文名為 muntjac，共有 5 種，屬於 *Muntiacus* 屬。臺灣的麂，學名為 *Muntiacus reevesi micrurus*，分佈於臺灣的山區。

　　臺灣麂毛色為赤黃褐色，角小而簡單，含有一主枝與一眉叉。角長 3 吋到 4 吋餘。角座甚長。眼下有斜行的隆起，上犬齒發達。麂通常獨居，僅在交尾期間才群聚。體型小，成熟體重約 15 公斤。整年可以配種。仔麂出生時即不具斑點。

四、黇鹿 （如彩圖 16 與 17 所示）

　　黇鹿英文名為 fallow deer，學名為 *Dama dama*。臺灣的黇鹿是外來種，是從美國引進，故常被誤稱為美國梅花鹿，其實其原產地在南歐與小亞細亞，而不在美國。然而，黇鹿目前已被引進到南極以外的所有大陸。

　　黇鹿有 4 種顏色的變種：正常、menil、白色與黑色。

1. 正常色

　　類似臺灣梅花鹿，但體色稍淺，白斑分佈範圍較小，在側中線處，白斑形成一連續帶，尾巴較臺灣梅花鹿者為長，臉亦較長。冬季毛色較暗，斑點消失，牡鹿在頸部出現喉結。仔鹿出生時，即具有斑點。

2. Menil

　　缺乏正常變種的黑色記號。仔鹿皮毛顏色較淡，具有明顯白色斑點，而且這些斑點甚至在冬天仍很明顯。

3. 白色

出生時呈赤黑色或暗乳油色，經過 2 或 3 年，逐漸變白。但在冬季時，毛色為乳油色而非白色。

4. 黑色

夏季體色為黑色，但側中線以下及腹側為灰褐色。黑色中帶有勉強可察覺的灰褐色斑點。冬季毛色較不豔麗，呈褐色。仔鹿出生時具有斑點，但不如正常與 menil 變種般的明顯。

典型的鹿角在頂部呈掌狀，每邊可突出十餘尖。

成熟黇鹿的體型較臺灣梅花鹿瘦高，但體重則相當。牡鹿約重 80 公斤，牝鹿約重 40 公斤或稍多。

五、樞軸鹿

樞軸鹿英文名為 chital deer、 axis deer 或 spotted deer ， 學名為 *Axis axis*。目前臺灣民間稱之為印度梅花鹿。樞軸鹿的原產地在印度與錫蘭。

樞軸鹿體型較臺灣梅花鹿修長， 牡鹿成熟體重可達 90 公斤或更多。牝鹿較小，體重少有超過 70 公斤者。

樞軸鹿毛色整年不變，永遠豔麗，其體色為棕褐色，具有對比鮮明的白斑，白斑的分佈較臺灣梅花鹿者為廣。尾巴為棕褐色，長度亦較臺灣梅花鹿長。頸部腹側有一半橢圓形白色記號，雌雄均無喉結與鬃毛。臉部輪廓明顯，活似化過粧。鹿角長而纖細，典型者每邊三尖。

樞軸鹿十分神經質，易受驚擾。在原產地，解角與配種均無季節性；在臺灣，分娩則多集中於冬季月份。

六、紅鹿 （如彩圖 18 所示）

紅鹿又叫赤鹿，英文名為 red deer，學名為 *Cervus elaphus*。紅鹿

有很多亞種，從不列顛群島，橫過歐洲和亞洲到日本海，甚至在非洲西北緣都有分佈。

　　牡鹿成熟體重約 200 公斤，牝鹿約 100～120 公斤。夏毛為紅棕色至暗棕色，無白色斑點。在臀部上方有一明顯的茶黃色區域。冬季毛色呈暗棕色，牡鹿頸部腹側出現鬃毛。仔鹿出生時為灰紅色，具有白色斑點，斑點約在 3 個月後消失。

　　紅鹿鹿角長而複雜，典型者具有眉叉、第二叉、第三叉、第四叉與頂叉，年長鹿隻之頂叉可能形成一個「冕冠」或「獎杯」。

七、美洲麋

　　美洲麋鹿體型碩大，其較正確的英文名應是 wapiti。早期到美國的移民誤以為與歐洲的麋（moose 或 European elk）相同，故也叫作 American elk。牠的學名為 *Cervus canadensis*，但也有將之歸類於紅鹿的不同亞種，故也命名為 *C. e. canadensis*。臺灣民間也誤稱這種動物為麋鹿，在此特別指出。

　　美洲麋原產於美國和加拿大南部的多數地方。

　　美洲麋角十分碩大，典型者每邊有 6 尖。夏毛為茶灰色，頭、頸、腿與身體下部為暗棕色。臀斑似紅鹿者。冬毛較厚、較暗，牡鹿頸部出現鬃毛。仔美洲麋為茶色而帶有白斑。成熟牡美洲麋最重可達 496 公斤，平均為 287 公斤；牝美洲麋最重可達 276 公斤，平均為 236 公斤。

　　由於紅鹿與美洲麋鹿很容易雜交，且子代具有生育力，因此臺灣民間常以美洲麋鹿改良紅鹿，而飼養其不同程度的雜交後代，稱之為麋紅鹿。

八、麋

　　麋俗稱 「四不像」，英文名為 Père David's Deer ；學名為 *Elaphurus davidianus*。

　　麋原分佈於中國華北，現已絕跡野外，所幸在二十世紀初期，英國貝德福公爵曾購得若干頭麋，將之飼養於伍本公園，而使此鹿種得以保存，現在世界各地之麋均來自伍本公園之核心鹿群。

　　麋冬天為灰褐色，夏天為紅褐色，雜有灰色。尾巴甚長，可達 0.5 公尺。眶下腺非常發達而明顯。蹄大而開展，適於沼澤地。肩高約 1.25 公尺。

　　麋角有單一長而直之分枝，向後伸展，不具眉叉，主枝則幾乎直接向上伸展，通常僅分叉一次。鹿角可長達 0.75 公尺。在冬季生長茸角；每年於 10 月解角，5 月蛻茸。

九、長頸鹿 （如彩圖 19 所示）

　　長頸鹿學名為 *Came leopordolis giraffa L.*，英文名為 giraffe。在分類上並不屬於鹿科，而是屬於長頸鹿科 (Giraffidae)。

　　長頸鹿分佈於非洲叢林草原地區，自頭至趾，達 18 呎，體重約 1,000 公斤。頭小、眼大、頸長、鼻孔能隨意閉合，耳殼小，唇長而薄。上顎無門牙及犬齒。

　　雌雄皆在頭頂部具有短角一對，其角無尖利之尖端，亦不分枝，亦不硬化，外被皮層，頂端叢生短毛。其角永不脫落，故與鹿角截然不同。

習題

1.試述梅花鹿、樞軸鹿與點鹿的外觀差異。

2.試述水鹿和紅鹿在外觀的差異。

第七章　鹿的生殖

一、性成熟

　　在溫帶地區的鹿隻，通常不是在出生當年的配種季節，就是在翌年的配種季節達到性成熟，但第一次配種季節大多比年長者稍晚。國內所飼養的各種鹿，其性成熟的年齡約為一歲半。高能量飼糧可以提早性成熟，而嚴厲限食將延遲性成熟。以人工控制光照，提早縮短光照長度，可提早性成熟。

二、生殖季節

　　紅鹿、黇鹿、臺灣梅花鹿、美洲麋……等溫帶鹿種都在秋天進入配種季節，而在 3 月結束。其中，大部分的配種是發生在 10 月與 11 月份，通常較年長之鹿隻較早進入配種季節，營養水平較差者也較晚進入配種季節。

　　在將進入配種季節時，牡鹿頸部增粗，並出現鬃毛（如紅鹿、花鹿）。此時，牡鹿間之爭鬥次數增加，牡鹿性情變得凶暴，常主動企圖攻擊靠近之人員。在配種季節中，尤其在有牝鹿發情時，牡鹿食慾明顯減退，腹部及四肢近端因精液汙染而變黑，並常發出咆哮聲。水鹿之配種則無明顯之季節性，幾乎整年均可配種，但仍以在秋季配種者較多。在有牝鹿發情時，牡水鹿則常張開眼睛下方之眶下腺，並發散出強烈特殊氣味。

三、動情週期

　　牝鹿在配種季節中，若未受孕，則約每隔 20 日（依鹿種略有差異）發情一次。鹿隻發情的期間通常不超過 24 小時，並且發情之徵狀不易被人察覺，唯一可供管理人員參考者為，發情牝鹿鄰近之牡鹿此時表現特別煩躁，常有接近發情牝鹿之強烈慾望。其他有關牝鹿發情之徵狀有：陰道流出具有強烈氣味之黏液；有些牝鹿發情時，對其他低位序者比原來更具攻擊性，並會向人示威；若有兩牝鹿同時發情，則有時有同性戀行為。

四、懷孕

　　不同種鹿之間，懷孕期長度有很大差異。紅鹿與麀鹿之懷孕期約230 日；白尾鹿屬約 200 日；麋約 210 日；臺灣梅花鹿、樞軸鹿、麞、馴鹿約 8 個月；水鹿與麈約 9 個月；牙獐約 6 個月；麝約 5 個月。

　　母鹿在懷孕之初期與中期，外觀並無顯著象徵，甚至在懷孕後期也難以辨認。但一般而言，母鹿在懷孕後期大多有明顯、快速之增重。在懷孕後期也常見到胎動現象。

五、分娩

　　以母紅鹿為例說明如下。

　　在懷孕末期，母鹿花費很多時間休息，但在分娩前幾天，大部分變得不休息，且常沿著圍牆走動。少數變得有攻擊性或會吼叫。在分娩前不久，大部分母鹿的乳房會脹大，陰戶腫脹。當子宮收縮變強，母鹿就會停止進食，並固定在一處，時躺時站。紅鹿分娩時間約持續

107 分鐘；胎盤平均在產仔後 98 分鐘排出；仔鹿在出生後 33 分鐘開始吮乳；在出生後 47 分鐘就可站立。

六、生殖性能

鹿隻隨種類之不同，其每胎仔鹿數從一隻到六隻不等。紅鹿、臺灣梅花鹿、水鹿、黇鹿、麈、麂，大都為單產，雙生比率很低，樞軸鹿則雙生比率稍高。麝一胎可產 1～2 仔；白尾鹿屬的鹿種每胎 1～3 仔，而以雙生為多；麕每胎 1～3 仔；麋大多雙生；牙獐最多產，一胎最多可產 6 仔，而以 4 仔居多。

一胎多產之鹿隻，其每胎仔鹿數受營養水平與年齡等因素影響；營養水平高者，每胎仔鹿數較多；年幼者，每胎仔鹿數較少。

受胎率也受母鹿年齡影響，較年幼與老齡者，受胎率較低。

仔鹿之出生重隨種別而有巨大變異。各種鹿之平均出生重如下：臺灣梅花鹿，3.5 公斤；水鹿，5.1 公斤；黇鹿，雄性為 4.6 公斤，雌性為 4.4 公斤；紅鹿，雄性 6.9 公斤，雌性 6.4 公斤；白尾鹿，3.4 公斤；麋鹿可達 50 公斤。

仔美洲麋之出生重顯然受母美洲麋之營養水平影響，而出生後之存活率又與出生重有關，因此，懷孕後期應注意母鹿營養。

習題

1.試述鹿隻發情的徵候。

2.試述母鹿分娩前的徵候。

3.試列舉各種鹿隻的懷孕期長度。

第八章　鹿角生長的生理

一、角座的發育

　　角座是鹿角附著與長出的構造。大部分鹿種的角座在一歲齡內發育出來，但在不利的情況下，可能延遲至第二年才生長。角座是永久性的固定物，其直徑隨年齡的增加而增加，但長度卻隨之而減少。角座是在雄性素誘發之下，由額骨分化形成；動情素則抑制角座發育。

二、鹿角週期

　　鹿角可能是由角座上的皮膚分化而形成，其生長曲線呈 S 形：最初緩慢，隨後加速，在快達到最後大小時，再度變緩。一般而言，約在鹿角生長期第二個月份及其後半個月中之生長速率最快。在鹿角生長過程中，會逐漸地從基部往頂部骨化。鹿茸上的皮膚，也在鹿角長到最後長度以後逐漸乾涸，並且逐漸脫落，而露出已骨化的硬角。通常在進入情慾季節以前，鹿角就已完全脫去茸毛。硬角在冬天或春天（視鹿種而定）就會自然脫落。在舊角脫落後，有一傷口留在角座上。此傷口迅速癒合而形成疤狀厚墊，新角就從此處再生。新角重新生長的時間通常在春天，因此，從解角到新角開始生長之靜休期，隨種別而從幾個月變異到幾天。鹿角的生長就是這樣周而復始地進行。

　　出生後所長出的第一組鹿角，其過程與角座發育相連接。一般而言，馴鹿、白尾鹿屬、麋等鹿種的第一組鹿角，在出生當年的秋天開

始生長；梅花鹿、黇鹿、紅鹿、水鹿、樞軸鹿等鹿的第一組鹿角，則在出生後第二年的春天開始生長。

三、鹿角週期與性腺內泌素的關係

在自然情況下，鹿角是在牡鹿血液中雄性素含量降低時脫落，在雄性素含量低時生長，在雄性素含量上升時加速骨化並脫去茸毛，而變成硬角，而在雄性素含量高時維持硬角。經過一系列去勢與補償治療的研究後發現，鹿茸的茸毛脫落與骨化，需要有高量雄性素存在；鹿隻之保有硬角也需要雄性素存在；缺乏雄性素則造成鹿角的脫落；鹿角的生長是在雄性素含量低時，而高量的雄性素會促進鹿角骨化而抑制鹿角生長。

四、光照與鹿角週期的關係

鹿隻性腺的功能受光照期之變化調節，而由前述可知性腺功能與鹿角週期攸關，故光照期之變化，也調節鹿角週期。一般而言，溫帶地區的鹿種，其鹿角在日照長度增長時脫落，並重新生長，而在日照長度縮短時骨化。若將鹿隻自北半球運輸到南半球，或以人工光照，使光照長度的變化恰與自然情況相反，則鹿隻依照所處光照期長度進行鹿角週期。若將光照週期長度控制為每 3、4 或 6 個月一個週期，則鹿隻在每一週期中進行一次鹿角週期；若光照週期長度為 2 個月，則鹿角週期維持一年一次。 若應用人工光照的方式， 使鹿隻長久處於 24L/0D （即 24 小時光照 0 小時黑暗）、16L/8D、8L/16D 的光照條件下，則鹿隻仍然繼續以約 10 個月的週期更替鹿角。然而，當鹿隻處於 12L/12D 的光照條件下，鹿角停止更替，並處於硬角狀態。後來的試驗顯示，光照與黑暗時間的差異小於 1.5～2.0 小時，即可抑制鹿角的

更替。從這些結果可知光照影響鹿角週期至為明顯，並且也十分複雜。東海大學畜產與生物科技學系經過多年試驗，已發展出一套可用於臺灣梅花鹿、黇鹿、紅鹿、美洲麋等典型溫帶鹿種之光照方法，使鹿隻一年生產二次鹿茸，且每次產量與自然光照下之產量相當。此光照法之要點如下：以人工照明補足日照長度到每日 16～18 小時，共計 5 個月，再轉變成每日光照時數少於 12 小時，共計 1 個月，如此 5 個月長光照期與 1 個月短光照期交替進行。由於臺灣水鹿對光照改變之反應較遲緩或難以預測，因此不適用本光照法。此外，接受光照處理之鹿隻，其換毛也被改變，須注意氣溫對鹿隻健康之影響。鹿隻也偶爾發生殘角在新角即將長出（角座邊緣稍微腫起）時仍不脫落之情況，須輕輕將之扳起。

五、營養與鹿角生長的關係

限制能量、蛋白質、鈣與磷的供應，都會影響鹿角的發育。因此，在鹿茸生長期間應充分供給能量、蛋白質、鈣與磷。

六、年齡與體型對鹿角大小的影響

鹿茸的產量與鹿角的重量，均隨鹿隻年齡的增加而增加。但當鹿隻年老（約 12 歲）後，鹿角重量開始下降。一般而言，牡鹿體型愈大，其鹿角的重量也有愈重的趨勢，而且，選拔鹿角大者，其體重也會增加。

七、遺傳對鹿角大小的影響

　　鹿角的大小和形狀，具有種間差異，顯示遺傳對鹿角生長的影響。白尾鹿一歲齡時之鹿角叉數，顯然受簡單遺傳所控制。梅花鹿鹿茸產量的遺傳變異率（變異中受遺傳控制者之比率）為 0.35。這顯示鹿茸產量可藉著個體選拔而有效進行育種改良。

習題

1.試述鹿角週期。

2.試說明雄性素與鹿角週期的關係。

3.試述光照對鹿角週期的影響。

第九章　鹿隻的飼養

一、營養分需要量

(1)能量：鹿隻大都可以根據需要而調節採食量，但飼糧中每公克乾物質之可消化能若低於 2.2 kcal，則採食量不再增加。一般而言，飼料之消化率低於 50%，則鹿隻不能維持。最佳生長所需的日糧，每公克乾物質應含有可消化能 2.5 kcal 以上。

(2)蛋白質：生長、哺乳與鹿茸生長期間，飼糧蛋白質含量應為 17%，其他時期蛋白質含量可稍低，但不應低於 12%。

(3)鈣與磷：鹿茸生長期間、哺乳期間與生長期間，日糧中鈣與磷之含量分別以 0.6% 與 0.4% 為宜。

(4)維生素：鹿隻飼糧不需添加維生素 B 群與維生素 K。維生素 A 之添加量通常為 6,000 IU/kg，維生素 D 為 500 IU/kg，維生素 E 則為 90 IU/kg。

(5)其他礦物質：資料甚少，可參考其他反芻家畜之需要。

由於鹿隻個體之差異、生理情況之不同、管理方式之差異、環境之變異，鹿隻之養分需求也有個體內與個體間之變異。在飼養時，必須隨時依據鹿隻的體況調整餵飼的量與飼料成分。

二、完全混合日糧之飼養方式

此方式的飼養是鹿隻所需要的營養分，全部由完全混合日糧提供，不另加芻料或精料。因此，完全混合日糧之各項營養分必須符合上述鹿隻之需求。

餵飼方式可採任食法，如此可使鹿隻具有最大機會獲得足量營養分，此種方式尤其適合成群餵飼，以及體型較小或較害羞的鹿隻，但有些動物在任食下可能過度肥胖，則應控制餵飼量，通常年齡較大和較安靜者較可能發生此種現象，至於餵飼量應多少，各場、各個體之間均有差異。平均而言，牡水鹿在冬季，每日約需 2.5 公斤乾物質；在夏季約需 3 公斤。牝水鹿，在冬季每日約需 1.6 公斤；在夏季約需 2 公斤；若在懷孕後 1/3 階段，再加 0.5 公斤；若在泌乳期，則再加 1.5 公斤。牡臺灣梅花鹿，在冬季約需 1.5 公斤；在夏季約需 2.5 公斤。牝臺灣梅花鹿，在冬季約需 1 公斤；在夏季約需 1.2 公斤；若在懷孕後 1/3 階段，則再加 0.3 公斤；若在泌乳期則再加 1 公斤。

三、餵飼芻料再補充精料之飼養方式

此飼養制度中，補充精料的養分含量及其餵飼量，隨著芻料的品質與使用量，以及鹿隻的需求而異。飼養的原則是使精料與芻料按比例平均後，各項營養分（以乾物質為基準）可符合鹿隻的需求。

就臺灣常用之芻料——青刈狼尾草與盤固拉乾草而言，補充精料之粗蛋白質含量約以 20% 為宜。若使用苜蓿乾草、苜蓿塊、或苜蓿粒作為主要芻料，則精料採用一般泌乳期乳牛精料即可大致符合需求。

在此等條件下，宜使用品質良好之芻料，任鹿隻食用。牡水鹿在冬季補充精料 0.6 公斤；在夏季鹿茸生長期間補充精料 1.2 公斤。牝水鹿在冬季補充精料 0.5 公斤；在夏季補充精料 0.8 公斤；若在懷孕後期，再增加 0.2 公斤；若在泌乳期，再增加 0.6 公斤。牡臺灣梅花鹿，在冬季補充精料 0.5 公斤；在夏季補充 0.8 公斤。牝臺灣梅花鹿，在冬季補充精料 0.3 公斤；在夏季補充 0.5 公斤；若在懷孕後期，再加 0.1 公斤；若在泌乳期，再加 0.4 公斤。

此餵飼法應注意：⑴芻料應充分供應。鹿隻十分挑嘴，較粗糙之草梗就會被拒絕，除非十分飢餓。因此，飼槽中尚留粗梗，但無草葉，仍不足以證明餵飼充足。⑵補充精料不可突然給予太多，也不可突然改變。

四、其他鹿隻之飼養

紅鹿體型與水鹿相當，其飼養水平可比照水鹿者。黇鹿、樞軸鹿之體型與臺灣梅花鹿相近，其飼養水平可比照臺灣梅花鹿，而略微加減之。

習題

1.試述鹿隻對能量、蛋白質、鈣與磷的需要量。

2.飼養鹿隻應注意哪些事項？

第十章　鹿隻的管理

一、日常之管理

　⑴定時餵飼，觀察鹿隻健康。

　⑵保持鹿舍乾燥清潔。

　⑶在非配種期間，公鹿、母鹿與小鹿應分離飼養。

　⑷盡可能保持鹿舍之寧靜。

　⑸鐵釘、塑膠袋、繩子等異物，均應隨時自鹿舍移走，以免誤食
　　而致腸胃穿孔或閉塞。

　⑹鹿舍內之尖銳物必須隨時移走，以免鹿隻創傷。

　⑺隨時注意鹿舍圍牆之堅固，以免鹿隻逃逸。

　⑻勤做各項紀錄，例如發情、配種之日期、配種公鹿、分娩日期、
　　生殖性狀、各項收支項目與各項特殊事件等。紀錄是日後檢討
　　事業成敗的依據，雖然簡單，但卻繁瑣而常被漏記或忽視。

二、配種之管理

　⑴注意配種季節之來臨，在來臨前即應作好計畫與準備。

　⑵在進入配種季節前，牡鹿變得凶暴，彼此間常發生爭鬥，因此，
　　管理人員應特別注意本身安全。在此期間應避免將陌生牡鹿引
　　入牡鹿群，亦應避免更換欄舍。

　⑶配種的性比率在 1♂：25♀ 的範圍內，應無不妥。

⑷配種時應循一致的配種制度。近親配種與遠親配種，均各有優缺點，其取捨可根據各場狀況而定，但不變之原則為選用優良公鹿。

⑸配種紀錄應求完整，例如配種日期、配種公鹿、出生仔鹿之性別、編號等。

三、懷孕之管理

⑴懷孕後期應增加餵飼量，但應注意控制，以防止因胎鹿過大及母鹿過肥而難產。

⑵在母鹿妊娠期間，應避免受干擾。

⑶妊娠期間，宜與公鹿分離。

⑷懷孕後期，應將母鹿安置於僻靜角落。

四、分娩之管理

⑴在懷孕末期，應隨時注意分娩徵候。

⑵在分娩前，宜在欄舍內放置墊草。

⑶分娩時，應保持安靜，並在遠處監視，切勿干擾。若發現有難產現象，則必須立即助產。若鹿隻敏感，則可先行注射鎮靜劑。

⑷仔鹿剛出生後，避免操作，以免留有異味而被母鹿遺棄。若需操作，則應先戴手套，或以手沾染母鹿之尿液。

⑸仔鹿出生後，應注意是否吮乳。若母鹿無乳或拒絕哺乳，則應行共同哺乳或人工哺乳。

五、哺乳期間之管理

⑴在哺乳期間，母鹿應增加餵飼量。

⑵哺乳期間，應盡可能避免驚擾母鹿與仔鹿。

⑶哺乳期間，同欄內母鹿頭數愈少愈好，以減少踐踏致死與過度母性傷及仔鹿的發生。

⑷欄舍內宜放置小木箱或小水泥管，使過度母性行為發生時，仔鹿可以躲藏。

⑸約在仔鹿 2 週齡後，即應提供精料與良質芻料予仔鹿，並注意飲水之提供。

⑹仔鹿約在 2.5～3 個月齡時離乳，以免影響母鹿的受孕率。

六、鹿茸之收割

⑴在解角季節，應隨時記錄各鹿隻之解角日期。

⑵必須把握收割時間，太早收割則產量減少且可能長出再生角而增加管理困擾；太晚收割則鹿茸品質迅速下降。在臺灣地區，水鹿約在解角後 2.5 個月收割鹿茸；臺灣梅花鹿則約在解角後 3 個月收割。如果鹿茸生長較早、較大，則其生長期較長，可較晚收割；反之，則應提早收割。因此，鹿茸之適當收割時間因鹿而略有差異。判斷之原則為，在鹿茸頂端即將自圓變尖前，即應收割。

⑶割茸時應請有經驗者幫忙保定鹿隻，避免人畜受傷。

⑷割茸時間以清晨為最適宜。此時鹿隻尚少活動，捕捉較易，割後流血亦較少。

⑸割茸前，各項器具必須備妥，割茸用之不銹鋼鋸應先消毒。

⑹割茸位置約在離角座 2 公分處。鋸取時，應以藥用酒精消毒該處。

⑺割茸時應小心，勿撕裂傷及角座。

⑻鹿茸割下後，不可用力握，並且應將傷口朝上，以免血液流出。

⑼可事先將米酒置於塑膠袋中，以此盛接角座湧出之血液，而製成鹿血酒。必須注意避免血液過濃而凝固。

⑽割茸後必須妥當止血。可以敷上活性碳或黃柏粉，然後用紗布繃帶包紮。繃帶之包紮應使之能在 3 日內脫落，否則應主動拆除，以免角座壞死或潰爛。

⑾捕捉鹿隻不易，若有其他必要操作，應視情況一併進行。

習題

1.列舉養鹿日常管理應注意事項。

2.列舉鹿隻配種管理應注意事項。

3.列舉鹿茸收割應注意事項。

實習九
梅花鹿之麻醉與收割鹿茸

一、目的

臺灣養鹿業最重要之產品為鹿茸，因此，收割鹿茸是鹿農的大事。又，鹿隻野性未馴，保定並非易事，而常需藉助化學藥劑之制動，尤以大型鹿為然。本實習之目的，乃在學習如何麻醉鹿隻與如何收割鹿茸。

二、進行步驟

1. 製作吹管與可拋射針筒

(1) 針筒之製作：取兩支 10 ml 塑膠針筒。將其中一支截去筒身末端握柄。將兩支針筒之活塞柄截斷，將其中之一置入已截柄之筒身內，再將另一活塞置於末端開口處，塞入或以強力膠黏附若干條毛線，以兩根大頭釘十字交叉將活塞固定於筒身。將釘子過長處剪斷，並磨平。可拋射針筒之構造如圖 20 所示。

(2) 針頭之製作：取一支約 2 吋長之 18 號針頭，以挫刀在距針尖約 2 cm 處挫一小孔（不要太深，以免容易折斷），然後以快乾膠封住針尖，但勿封住挫孔，待針尖封住後，切一小塊彈性良好之橡膠塊，穿過針尖，堵住挫孔。

(3) 吹管之製作：選擇管徑較可拋射針筒略粗之塑膠管約 1～1.5 公尺（不要太粗）。

2. 準備鹿隻

為避免干擾其他鹿隻與操作之方便，宜先將被操作之鹿隻隔離。在隔離時切忌造成鹿隻嚴重緊迫，否則麻醉劑量必須提高而增加危險。

3.裝填麻醉劑

⑴麻醉劑及劑量 ： 臺灣梅花鹿之化學制動可使用 xylazine 1.2 mg + ketamine 2.0 mg/kg。但若動物歷經驅趕，或被飼養於大運動場者，劑量必須增加一半。

⑵藥物之裝填：如圖 21 所示。

4.注射麻醉劑

操作者，先將已裝填藥劑與瓦斯之可拋射針筒置入吹管，然後安靜地接近鹿隻，瞄準注射部位（肌肉厚處，如臀部、肩、頸部近肩處等，切忌瞄準臉、胸側、腹部）。待鹿隻站立，即瞬間用力吹出可拋射針筒（其中之技巧，有賴事先之練習體會）。

5.收割鹿茸

⑴鹿隻雖已被麻醉，但仍可能隨時清醒，故應先以繩索縛住前肢與後肢。繩索應縛住上方之前肢與後肢掌骨與蹠骨處（最細處），分別向前繫在欄杆處。勿使四肢可以觸及牆壁，繫於欄杆之位置應盡可能低，以免鹿隻翻身。

⑵準備好割鹿茸所需之器物，如不銹鋼鋸、繃帶、紗布、棉花、止血藥（可用活性碳）、酒精棉、塑膠袋、米酒等。其中不銹鋼鋸應先消毒。

⑶一人幫忙固定鹿頭與扶住鹿茸。操鋸者需先在下鋸處，以酒精棉徹底消毒鹿茸，然後一手扶住鹿茸，一手持鋸，在距角座上方 2 公分處，鋸斷鹿茸。

⑷鹿茸鋸下後應立即讓傷口朝上豎立。

⑸若欲獲得鹿血酒，則可事先將米酒置於塑膠袋中，以此袋盛接自角座湧出之血液。

⑹割茸後應妥當止血，將敷有活性碳之紗布、棉花，以繃帶包紮。

6.鹿隻之恢復

⑴割完鹿茸後，應使麻醉中之鹿隻保持跪姿，並使頭部較胸部為低。

⑵可以靜脈注射 Yohimbine 0.5 mg/kg 使鹿隻恢復。

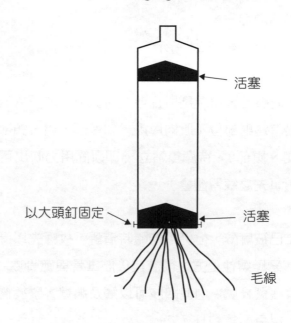

活塞

以大頭釘固定　　　　活塞

毛線

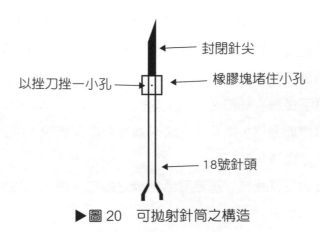

封閉針尖

以挫刀挫一小孔　　　橡膠塊堵住小孔

18號針頭

▶圖 20　可拋射針筒之構造

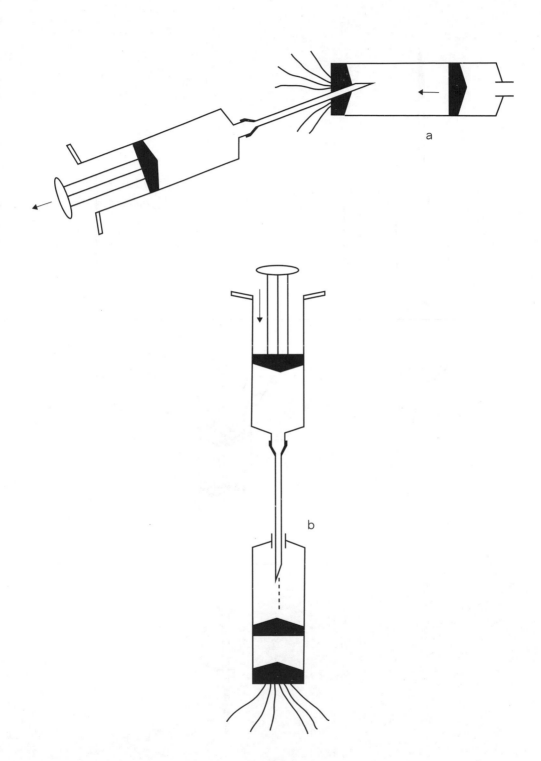

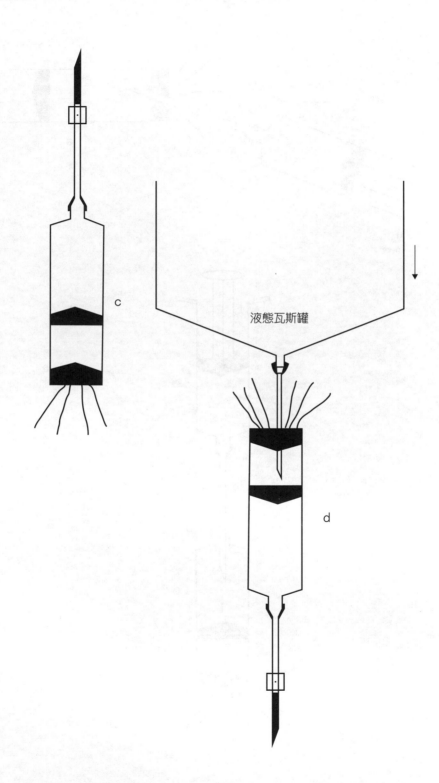

c

液態瓦斯罐

d

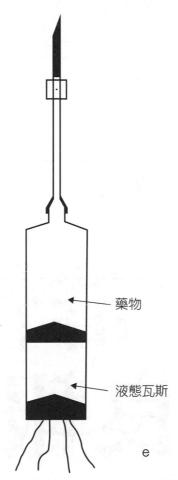

藥物

液態瓦斯

e

▶圖 21　可拋射針筒之充填藥物與液態瓦斯

a.在筒身後端以細針連針筒 (20 ml) 抽出空氣使產生負壓，而使筒內活塞後退；
b.以另一針筒取藥，並自前端開口注入可拋射針筒；c.裝上堵住出口之針頭；
d.將針尖朝下，末端插入細針頭，由上而下壓入約 1 ml 液態瓦斯；e.迅速拔出
後端針頭，完成裝填程序。

附件一

乳牛群性能
改良報表

乳牛群性能改良 – 性能檢定月報表

資料年月：2021/3
酪：
輔導員：

上次採樣：2021/2/22
本次採樣：2021/3/15
採樣間距：21

統一編號／場內編號	前九個月泌乳資料（乳量／體細胞）									採樣當天資料 乳量／體細胞	蛋白率／乳脂率	胎次	分娩日期	泌乳天數	月齡	累積乳量	全期平均 蛋白率／乳脂率	305-2X-ME 乳量／乳脂量	同期比較 乳量／乳脂量	配種日期	配種精液	預產期	配種次數	空胎日數	注意事項
01060505	0	0	0	0	0	0	20	28	31	29	3.46	5	20/9/10	186		5319	3.32	7744	-372	21/2/4		21/11/13		147	
01F0505	0	0	0	0	0	0	6	4	3	3	4.32				104		4.28	341	24		614HOO7811		3		E
01060512	0	0	0	0	20	26	36	32	31	29	2.98	4	20/8/28	199		5716	2.94	7922	-196	尚未配種				199	
01F0512	0	0	0	6	2	1	4	5	8	5	4.02				101		3.99	331	15						E
02060601	19	17	17	4	0	0	0	0	39	43	2.96	5	21/1/4	70		2972	3.05	9022	875	尚未配種				70	
02F0601	3	2	2	4	0	0	0	2	1	1	4.06				98		4.28	377	56						
02060628	26	0	0	27	0	0	31	36	34	6	5.14	5	20/9/6	190		4043	3.59	5705	-2367	21/1/27		21/11/5		143	A
02F0628	3	0	0	0	0	1	0	0	0	9	4.24				88		4.14	241	-74		014HOO7714		1		DE
03060002	0	0	0	0	14	22	20	19	15	14	2.60	4	20/10/7	159		2864	2.89	4598	-3454	尚未配種				159	C
03F0002	0	0	0	0	4	2	2	1	4	2	3.89				85		3.52	161	-153						E
04060702	25	23	20	16	0	0	0	0	50	50	2.72	4	21/1/25	49		2504	2.74	10712	2536	尚未配種				49	C
04F0702	4	3	5	5	0	0	0	0	2	2	3.40				74		3.57	1520	1180						
04060715	28	27	26	20	21	20	19	17	16	20	3.98	3	20/1/31	409		10220	3.59	6834	-1257	20/9/23		21/7/2		236	
04F0715	6	4	4	3	3	5	4	3	3	2	3.66				68		3.67	246	-68		007HO13334		2		E
04060718	0	0	0	36	23	29	32	32	34	34	3.20	3	20/8/15	212		6758	2.94	9026	884	21/2/1		21/11/10		170	A
04F0718	0	0	0	0	0	2	3	4	34	7	3.84				67		3.28	310	-6		007HOO1334		1		E
04060726	34	36	33	34	27	28	27	25	20	21	3.72	3	20/2/24	385		12052	3.30	8589	458	20/8/21		21/5/30		179	
04F0726	5	4	7	8	7	6	3	7	2	6	3.71				66		3.60	303	-12		551HOO3470		1		E
04060734	22	21	21	0	0	0	44	41	23	39	3.54	4	20/11/17	118		4485	3.13	9012	868	尚未配種				118	
04F0734	6	6	7	0	0	0	2	8	0	5	3.78				64		3.60	324	6						E
04060735	23	38	40	43	41	39	41	46	37	43	3.17	2	20/6/18	270		10739	2.88	11834	3630	21/1/18		21/10/27		214	
04F0735	5	4	3	2	2	3	2	2	6	4	3.91				64		3.33	405	87		614HOO7811		1		E

乳牛群性能改良 — 性能檢定月報表

資料年月：2021/3
酪：
農：
輔　導　員：

上次採樣：2021/2/22
本次採樣：2021/3/15
採樣間距：21

統一編號	場內編號	項目	前九個月（乳量／體細胞分數）	採樣者資料 (乳量/體細胞/蛋白率/乳脂率)	分娩至採樣 (胎次/月齡/分娩日期/沁乳天數/累積乳量)	全期平均 (蛋白率/乳脂率)	305-2X-ME (乳量/乳脂量)	同期比較 (乳量/乳脂量)	配種資料 (配種日期/配種精液/預產日期/配種次數/空胎日數)	注意事項
00062132	2132	乳量	24 23 17 16 13 14 0 0 16	22 / 0 / 3.10 / 3.59	6 / 117 / 21/2/11 / 32 / 581	3.45 / 4.17	沁乳天數過少 / 暫不估計	—	尚未配種；空胎日數 32	
00062204	2204	乳量	0 0 12 12 28 26 23 22 23	22 / 3 / 3.07 / 4.20	6 / 109 / 20/8/11 / 216 / 5117	2.97 / 4.28	6725 / 304	−1367 / −12	尚未配種；空胎日數 216	E
00062224	2224	乳量	31 31 26 30 27 26 21 24 24	26 / 4 / 3.28 / 3.16	5 / 107 / 20/1/14 / 426 / 12790	3.23 / 3.31	7899 / 259	−216 / −55	21/2/1 / 014HO07714 / 21/11/10 / 2 / 384	E
99060201	99F201	乳量	0 0 0 0 27 23 22 22 19	18 / 7 / 3.17 / 3.34	7 / 130 / 20/8/30 / 197 / 4595	3.11 / 3.58	6722 / 267	−1370 / −48	21/2/1 / 014HO07714 / 21/11/10 / 155	A / E
99060209	99F209	乳量	34 27 20 17 24 25 23 22 21	18 / 7 / 4.19 / 4.16	6 / 124 / 20/4/29 / 320 / 7958	3.57 / 4.15	7481 / 319	−625 / 4	20/11/27 / 501HO00839 / 21/9/5 / 1 / 212	A / E

總頭數：49

全期（平均）採樣者資料：乳量 28.7、體細胞 4、蛋白率 3.34、乳脂率 3.68；沁乳天數 191；305-2X-ME 乳量 8211.0、乳脂量 350.3；同期比較 143

牛乳體細胞說明（範圍單位為千個）

分數	範圍	分數	範圍	分數	範圍
0	0–18	3	72–141	6	566–1130
1	19–35	4	142–283	7	1131–2262
2	36–71	5	284–565	8	2263–4523
				9	4524–9699

注意事項

(A) 體細胞數過高（分數>6），請注意潛在性乳房炎
(B) 乳脂率偏低（<2.8%），請注意飼養管理
(C) 乳蛋白質偏低（<2.8%），請注意飼養管理
(D) 乳產量偏低（<10Kg），請注意
(E) 空胎日數過長（空胎日數大於100天），請注意妊檢
(F) 配種次數過多（配種次數大於4次），請注意配種

附件二

乳品質檢驗報表

報告編號：20210399
資料年月：2021/3
酪農戶/輔導員：
檢驗方法：乳成分與體細胞數檢驗方法（WI-MK01-A）
發行日期：2021/3/19

行政院農業委員會畜產試驗所新竹分所

苗栗縣西湖鄉五湖村埔面207-5號　電話：037-911693#236　傳真：037-911700

乳牛群性能改良－乳品質檢驗報表

上次採樣日期：2021/2/22
本次採樣日期：2021/3/15
收件日期：2021/3/16
檢驗日期：2021/3/16

場內編號	統一編號	乳量*	乳脂率	蛋白質率	乳糖率	無脂固形物率	總固形物率	體細胞數	尿素氮	檸檬酸	P/F*	酪蛋白*	游離脂肪酸*	飽和脂肪酸*	不飽和脂肪酸*	丙酮*	β-羥基丁酸*	注意事項
單位		公斤	%	%	%	%	%	萬/mL	mg/dL	mg/dL	—	%	mmol/100g fat	%	%	mmol/L	mmol/L	
02F0628	02060628	5.7	–	–	–	–	–	884.7	–	–	–	–	–	–	–	–	–	(C)(D)
07F835	07060835	22.6	3.83	3.45	4.88	9.03	12.86	426.8	11.6	167	0.90	2.68	0.60	2.52	1.20	0.06	0.08	(C)
07F818	07067818	18.0	3.84	3.83	5.10	9.63	13.46	284.6	12.8	142	1.00	3.07	0.00	2.56	1.11	0.00	0.02	(C)
07F0813	07060813	28.8	4.01	3.13	4.65	8.49	12.50	250.7	15.7	160	0.78	2.43	1.94	2.59	1.09	0.00	0.07	(C)(E)
04F0718	04060718	34.1	3.84	3.20	4.78	8.68	12.52	184.9	12.9	159	0.83	2.46	1.46	2.59	0.98	0.03	0.07	(C)
99F209	99060209	18.2	4.16	4.19	4.30	9.19	13.35	182.5	17.2	107	1.01	3.26	0.43	2.90	1.08	0.00	0.01	(C)
07F0823	07060823	31.9	3.84	2.89	4.87	8.46	12.30	161.9	17.6	152	0.75	2.26	0.44	2.33	1.24	0.00	0.05	(C)
99F201	99060201	18.0	3.34	3.17	4.81	8.67	12.01	118.0	37.1	145	0.95	2.49	0.41	1.93	0.92	0.00	0.05	(C)
05F310	05060310	28.0	3.72	3.02	4.41	8.13	11.85	110.0	10.7	147	0.81	2.30	0.17	2.37	1.24	0.00	0.03	(C)
07F0802	07060802	18.7	3.13	3.70	4.67	9.07	12.20	68.7	18.7	127	1.18	2.95	0.64	1.84	0.96	0.00	0.03	(C)
04F0726	04060726	20.7	3.71	3.72	4.20	8.63	12.33	68.6	11.5	159	1.00	2.84	1.10	2.33	1.15	0.00	0.06	(C)
05F0317	05060317	21.0	5.07	4.09	4.70	9.48	14.55	68.3	15.1	136	0.81	3.26	1.25	3.48	1.51	0.00	0.02	(C)
01F0512	01060512	28.8	4.02	2.98	4.55	8.23	12.25	35.7	15.4	131	0.74	2.28	0.82	2.48	1.36	0.00	0.04	(C)
04F0734	04060734	38.6	3.78	3.54	4.82	9.05	12.83	35.1	17.4	138	0.94	2.77	0.96	2.64	0.88	0.00	0.04	

行政院農業委員會畜產試驗所新竹分所

苗栗縣西湖鄉五湖村埔頭207-5號　電話：037-911693#236　傳真：037-911700

乳牛群性能改良－乳品質檢驗報表

注意事項

報告編號：20210399
資料年月：2021/3
酪農戶/輔導員：

場內編號 統一編號	乳量 公斤	乳脂率 %	蛋白質率 %	乳糖率 %	無脂固形物率 %	總固形物率 %	體細胞數 萬/mL	尿素氮 mg/dL	檸檬酸 mg/dL	P/F	酪蛋白 %	游離脂肪酸 mmol/100g fat	飽和脂肪酸 %	不飽和脂肪酸 %	丙酮 mmol/L	β-羥基丁酸 mmol/L
總頭數：49																
統計資料：46 頭																
警示值　低		2	2		7			11	119	0.85					0.15	
警示值　高	7(胡姆牛)6(荷蘭牛)		5		10		50	17	190	0.88		1.5				0.1
統計值	28.8	3.77	3.31	4.85	8.85	12.63	64.4	16.3	152	0.89	2.61	0.85	2.49	1.07	0.03	0.06
異常比例 %	2.04	4.08	2.04		0.00		24.49	46.94	6.12	91.84		6.12			6.12	2.04

統計分析

當日乳量		體細胞數		乳脂率		無脂固形物率	
35公斤以上	11 頭	50萬以上	11 頭	4.00%以上	14 頭	9.2%以上	9 頭
>25-35公斤	18 頭	>30-50萬	3 頭	>3.50%-4.00%	14 頭	>8.7%-9.2%	21 頭
>15-25公斤	15 頭	>10-30萬	6 頭	>3.00%-3.50%	15 頭	>8.2%-8.7%	13 頭
15公斤以下	2 頭	10萬以下	26 頭	3.00%以下	3 頭	8.2%以下	3 頭

檢驗說明：

1. P/F：蛋白質率除以乳脂率。
2. 注意事項代號說明：(A)乳脂率偏低；(B)乳脂率偏高；(C)體細胞數偏高(50萬細胞數以上)；(D)潛在性酮症風險高；(E)游離脂肪酸偏高。
3. 尿素氮含量建議值為 11-17 mg/dL，檸檬酸含量建議值為 119-190 mg/dL，P/F 建議值為 0.85-0.88，游離脂肪酸建議值為1.5 mmol/100g fat以內。高於建議值以 粉紅底色標示，低於建議值以 淺藍底色標示。
4. 本件係由委託者自行送樣，所列紀錄僅對樣品負責。報告內容未經本實驗室同意不得部分複製，惟全文複製除外。
5. 本報告僅就委託者之委託事項提供檢驗結果，不對樣品作符合性判斷。
6. 有「X」註記者，表示該項未經TAF認可。
7. 有「#」註記者，表示超出TAF認證範圍。檢測項目定量極限如下表：

項目	乳脂肪	乳蛋白質	乳糖	乳總固形物	乳無脂固形物	乳尿素氮	乳檸檬酸	乳體細胞數
定量極限	0~15%	0~10%	0~10%	0~20%	0~15%	4.67~46.67 mg/dL	100~500 mg/dL	0~1.0×10⁷ 個體細胞/mL

8. 乳牛群性能改良計畫由行政院農業委員會畜產試驗所新竹分所及社團法人中華民國乳業協會共同辦理。

報告簽署人：

檢驗室負責人：

附件三

台灣乳牛體型評鑑表

台灣乳牛體型評鑑表　(來源：行政院農業委員會畜產試驗所)

母牛統一編號		母牛場內號		出生日期		畜主	

腿與蹄 （配分 15 分）		評分	得分	乳牛特徵 （配分 20 分）		評分	得分
蹄角度 （蹄趾尖角度）		4		鬐甲部位		12	
蹄跟深 （蹄後跟）		2		腿蹄骨質		2	
後肢骨質		2		乳房靜脈		3	
後肢側觀		3		體軀大小		3	
後肢後觀 （飛節部）		4		乳牛特徵四項評分合計得分			
腿與蹄五項評分合計得分							

骨架／體軀容積（配分 25 分）		評分	得分	乳房系統 （配分 40 分）		評分	得分
體高 （臀部離地高）		3		乳房深度 （乳房底部與飛節相對位置）		6	
相對高		2		乳房資質 （乳房柔軟性）		7	
體軀大小 （牛體估計重量）		3		乳房中韌帶 （左右乳房分隔深度）		7	
胸寬 （胸底寬度）		4		前乳房銜接 （與腹壁銜接部位）		5	
體軀深度 （最後肋骨部份之深度）		3		前乳頭排列 （前乳頭排列是否在乳區中央）		2	
腰部強度		3		前乳頭長度 （乳頭平均長度）		1	
臀部角度 （坐骨與腰角線）		3		後乳房銜接高 （乳房泌乳組織頂部至陰戶距離）		5	
臀部寬度 （兩坐骨間寬度）		4		後乳房銜接寬 （乳房泌乳組織頂部寬度）		5	
骨架/體軀容積八項評分合計得分				後乳頭排列 （乳頭排列是否在乳區中央）		2	
				乳房系統九項評分合計得分			

評鑑員：	評鑑日期：　　年　　月　　日	二十六項評分總得分：

附件四

種公牛遺傳資料範例

1

EDG UNO RUSSIAN 1417-ET **TPI +2472 G**

USA 72128206 100%RHA-NA TC TY TV TL 01-23-13

Sire: AMIGHETTI NUMERO UNO-ET +2318 G

ITA 17990915143 100%RHA-NA TR TP TY TV GM

Dam: SANDY-VALLEY ROBUST RUBY-ET +2472 G

USA 69998487 100%RHA-NA 90 VEVEV

2

PRODUCTION		%	%R	SIRE	DAM	DAU	GRP
Milk	+1497		98	-296	+1762	30948	29346
Fat	+80	+.09		+54	+80	1177	1095
Pro	+52	+.02		+5	+62	967	912
04-2019	719 DAUS	54 HERDS				27 %RIP	100 %US

3

PL	+3.9		89	+3.5	+5.2	SCE 7%	97 %R
SCS	2.80		97	2.61	3.04	DCE 4%	91 %R
FE +169	NM$ +681	CM$ +697				FI 1.3	91 %R

4

TYPE			%R	SIRE	DAM	DAU SC	AASC
TYPE	+1.32		90	+1.93	+1.13	74.8	78.9
UDC	+.77			+2.14	+.38		
FLC	+.55			+.44	+1.13	BD +.57	D +1.04
04-2019	74 DAUS	19 HERDS		EFT	D/H 11.8		

5

Breeder Elite Dairy Genomics, LLC, IL
Owner Elite Dairy Genomics, LLC, IL
Controller ST/Trans-World Genetics

6

ACTIVE
203HO1464
RUSSIAN

7 8 9 10

TRAIT	STA		
Protein	2.74	High	
Fat	3.56	High	
Final Score	1.81	High	
Productive Life	2.58	High	
Somatic Cell Score	2.50	Low	
Stature	1.73	Tall	
Strength	0.52	Strong	
Body Depth	0.60	Deep	
Dairy Form	0.79	Open Rib	
Rump Angle	0.01	High Pins	
Rump Width	0.72	Wide	
R Legs-Side View	0.24	Curved	
R Legs-Rear View	0.26	Straight	
Foot Angle	0.81	Steep	
Feet & Legs Score	1.01	High	
Fore Attachment	1.04	Strong	
Rear Udder Height	0.79	High	
Rear Udder Width	0.73	Wide	
Udder Cleft	1.80	Strong	
Udder Depth	1.58	Shallow	
F Teat Placement	1.32	Close	
R Teat Placement	1.37	Close	
Teat Length	0.21	Long	

國家圖書館出版品預行編目資料

畜牧(三)／范揚廣,廖曉涵,楊錫坤編著.－－二版一刷.
－－臺北市：東大，2023
面；　公分.－－（TechMore）

　ISBN 978-957-19-3327-6　（平裝）
1. 畜牧學

437　　　　　　　　　　　　　　111008559

Tech More

畜牧（三）

編 著 者	范揚廣　廖曉涵　楊錫坤
發 行 人	劉仲傑
出 版 者	東大圖書股份有限公司
地　　址	臺北市復興北路 386 號 (復北門市) 臺北市重慶南路一段 61 號 (重南門市)
電　　話	(02)25006600
網　　址	三民網路書店 https://www.sanmin.com.tw
出版日期	初版一刷 1998 年 9 月 初版十二刷 2019 年 9 月 二版一刷 2023 年 6 月
書籍編號	E430470
I S B N	978-957-19-3327-6

東大圖書公司